Rayees Ahmed Bafanda
S. A. Khandi
Sheikh Umair Minhaj

Higiene da carne e sensibilização para os riscos para a saúde associados

Rayees Ahmed Bafanda
S. A. Khandi
Sheikh Umair Minhaj

Higiene da carne e sensibilização para os riscos para a saúde associados

Sensibilização, Talhantes, Riscos para a saúde, Higiene da carne, Retalhistas de carne, Doenças zoonóticas

ScienciaScripts

ÍNDICE

RESUMO

O presente estudo foi realizado no distrito de Jammu, no Estado de Jammu e Caxemira, para estudar o perfil sociopessoal, a higiene da carne e a sensibilização para os perigos para a saúde associados entre os talhantes e retalhistas de carne no distrito de Jammu, no Estado de Jammu e Caxemira. Foram seleccionados para o estudo três matadouros do distrito de Jammu, situados em Nagrota, Old Rehari e Gujjar Nagar. Foram seleccionados dez talhantes de cada matadouro. Após a preparação da lista completa dos mercados de carne que operam no distrito de Jammu, foram seleccionados três mercados de carne e, de cada mercado de carne selecionado, foram escolhidas aleatoriamente dez lojas de venda de carne a retalho. De cada loja de venda de carne a retalho selecionada aleatoriamente, foi escolhida propositadamente uma pessoa que estivesse ativamente envolvida no abate de animais e na venda de carne na loja de venda de carne a retalho. Assim, foram seleccionados para o estudo um total de trinta talhantes e trinta retalhistas de carne. Os dados foram recolhidos através de um programa de entrevistas e de observações. Os dados foram codificados, classificados, tabulados e analisados utilizando o software Statistical Package for the Social Science (SPSS 16.0). A apresentação dos dados foi feita de forma a dar uma resposta pertinente, válida e fiável aos objectivos específicos. Foram calculadas as frequências, a percentagem, a média e o desvio-padrão para uma interpretação significativa. A maioria dos inquiridos pertencia ao grupo da meia-idade. A maior parte deles era analfabeta. A maioria dos inquiridos pertencia a um grupo de meia-idade. A maioria tinha 5 a 10 anos de experiência e uma carga de trabalho média. Nenhum deles tinha recebido qualquer formação formal. Todos os inquiridos tinham como ocupação principal o comércio a retalho de carne e como ocupação secundária o trabalho de talho em matadouros. A maioria dos inquiridos pertencia a uma família de rendimentos médios e auferia rendimentos mensais entre 10 000 e 15 000 rupias com a profissão de manipulador de carne.

Verificou-se que o contacto com pessoas infectadas e o manuseamento inadequado da carne foram considerados como um risco importante de transmissão de doenças pela maioria dos manipuladores de carne. A maioria dos manipuladores de carne estava consciente da importância da sua atividade para a saúde pública. Poucos tinham conhecimentos limitados sobre a contaminação cruzada e a presença de microrganismos na carne. A maioria dos inquiridos era contra a inspeção da carne. Os manipuladores de carne tinham conhecimento da gripe das aves, da raiva e da tuberculose. O conhecimento sobre algumas doenças específicas importantes transmitidas pela carne (exceto a gripe das aves) era fraco. Estavam dispostos a receber formação de curta duração financiada pelo governo no seu próprio local de trabalho. Os manipuladores de carne só evitavam o trabalho de manipulação de carne quando sofriam de doenças graves. Frequentemente, enganavam-se na avaliação das condições/doenças em que os animais não deviam ser abatidos. Os resultados indicam que existem lapsos entre a decisão dos manipuladores de carne e a decisão cientificamente correcta, pelo que a decisão final sobre a aptidão das carcaças e miudezas deve caber apenas ao veterinário.

Palavras-chave: Sensibilização, talhos, experiências, riscos para a saúde, retalhistas de carne, loja de retalho de carne, matadouros, formação, doenças zoonóticas

CAPÍTULO 1

INTRODUÇÃO

A Índia é um potencial produtor de carne no mundo, com um efetivo pecuário de 512,05 milhões de animais, o que representa cerca de 10,71% do efetivo pecuário mundial. Este número inclui 190 milhões de bovinos, 108 milhões de búfalos, 135 milhões de caprinos, 65 milhões de ovinos, 10,29 milhões de suínos e 729 milhões de aves de capoeira. A Índia tem o maior efetivo pecuário (primeiro em búfalos, segundo em bovinos e caprinos, terceiro em ovinos e quinto em aves de capoeira, em comparação com o efetivo pecuário mundial), ocupando o primeiro lugar na produção de leite, o quinto na produção de carne, o terceiro na produção de peixe, o quinto na produção de ovos e o sexto na produção de frangos de carne no mundo (NDDB, 2012 e 19.º censo pecuário de 2012).A contribuição dos búfalos, bovinos, ovinos, caprinos, suínos, aves de capoeira e outras espécies é de cerca de 23,33%, 17,34%, 4,61%, 9,3%, 5,31%, 36,68% e 3,37%, respetivamente, para a produção de carne na Índia (FAO, 2012). A venda de carne através de pequenas lojas de retalho é mais comum nas zonas rurais e nas cidades da Índia (Ranjhan e Rawat, 2011). A preferência dos consumidores por aves/animais recém-cortados e a falta de instalações de refrigeração são factores prováveis para a existência de lojas de carne a retalho na Índia. As lojas são geridas por vendedores de carne/açougueiros, que fazem parte integrante da atividade de venda de carne na Índia. De facto, os talhantes funcionam como nós do sistema de venda de carne, uma vez que todo o comércio de carne passa pelos talhantes até à venda (Kumar e Keshav, 2010). O rápido aumento do rendimento das famílias, a urbanização e a mudança do estilo de vida contribuíram para que o consumo se orientasse para cereais não tradicionais e produtos de valor acrescentado, incluindo muitos derivados do gado. O acesso a alimentos de boa qualidade, seguros e nutritivos é considerado um direito básico das pessoas, e as doenças resultantes do consumo de alimentos têm sido um problema básico para os consumidores. Ainda mais recentemente, apesar de um aumento contínuo da procura, a imagem dos produtos de origem animal tem sido manchada pelo risco de doenças transmitidas pela carne. Atualmente, o estilo de vida económico e as atitudes dos consumidores em relação à qualidade dos alimentos tendem a ser cada vez mais consistentes em todo o mundo. À medida que os rendimentos aumentam em relação ao custo de vida, os consumidores tendem geralmente a gastar mais em produtos proteicos de origem animal do que antes, pelo que a qualidade dos alimentos de origem animal, especialmente a carne e os produtos à base de carne, é atualmente uma questão fundamental para todos na sociedade (Aumatire 1999). A procura diz respeito a alimentos nutritivos, saborosos, seguros, saudáveis e acessíveis, quer sejam frescos ou transformados. Qualidade dos produtos de origem animal podem ser classificados, de forma geral, por especialista da produção animal em aspectos nutricionais, tecnológicos, sensoriais, higiénicos e sanitários.

A carne é um produto perecível e, por conseguinte, desde a produção até ao consumo, tem de ser suficientemente boa. Muitos microrganismos patogénicos crescem na carne se não forem seguidos os procedimentos de higiene. A carne actua como um veículo de transmissão de doenças, principalmente bacterianas, protozoárias e helmínticas. Observa-se que, juntamente com a carne, a água utilizada para o processamento da carne também transmite algumas doenças (campilobacteriose, amebíase e ascaridíase) ao ser humano durante o manuseamento não higiénico da carne e dos seus produtos, particularmente no sector não organizado em países em desenvolvimento como a Índia. A nível mundial, as doenças de origem alimentar são um problema crescente de saúde pública devido ao aumento do comércio global de alimentos, às alterações na forma como os alimentos são produzidos e às alterações nas exigências dos consumidores. Estas mudanças de padrão colocam novos desafios à gestão da segurança alimentar. Cerca de 75% das novas doenças transmissíveis que afectaram os seres humanos nos últimos 10 anos foram causadas por agentes patogénicos provenientes de animais ou de produtos de origem animal. Muitas destas novas doenças humanas são designadas por doenças zoonóticas, que estão associadas à manipulação de animais domésticos e selvagens doentes, ao abate, à desmancha de carne, à venda a retalho e à transformação. Embora os países em desenvolvimento enfrentem normas sanitárias e fitossanitárias cada vez mais rigorosas nos seus mercados de exportação, podem manter e melhorar o acesso ao mercado e melhorar a segurança alimentar interna e a produtividade agrícola adoptando uma abordagem estratégica da segurança alimentar, da saúde pública e do comércio (Simeon, 2006). Organizações internacionais como a Organização para a Alimentação e a Agricultura (FAO) e a Organização Mundial de Saúde (OMS) das Nações Unidas preocupam-se com a prevenção e a transmissão de doenças humanas através de alimentos contaminados e com a melhoria da produção, transformação e distribuição higiénicas. Um desenvolvimento importante é a criação do programa conjunto FAO/OMS de normas alimentares, cuja principal responsabilidade é preparar o "Codex Alimentarius", uma coleção de normas adoptadas internacionalmente para alimentos e produtos alimentares. O Código de Práticas Higiénicas para a Carne do Codex Alimentarius (CHPM) constitui a principal norma internacional para a higiene da carne e incorpora uma abordagem baseada no risco para a aplicação de medidas sanitárias em toda a cadeia de produção da carne.

Toda a gama de produção, transformação e comercialização de carne é negligenciada na Índia. As principais limitações da indústria da carne são a falta de uma abordagem científica da criação de animais de carne, a natureza desorganizada da produção e comercialização da carne, os tabus socioeconómicos associados ao consumo de carne, as infra-estruturas inadequadas e a má gestão pós-colheita. No país, a situação atual obriga o consumidor a optar por outros produtos nutritivos e higiénicos. O rápido aumento do rendimento das famílias, a urbanização e a mudança de estilo de vida combinaram-se para deslocar o consumo para cereais não tradicionais e produtos de valor acrescentado, incluindo muitos derivados do gado. Este estudo foi realizado para avaliar o perfil sócio-pessoal e o conhecimento dos perigos para a saúde associados à carne entre os talhantes e retalhistas de carne, com os seguintes objectivos

Objectivos do inquérito:

> Estudar o perfil sócio-pessoal dos talhantes e retalhistas de carne.
> Estudar o nível de sensibilização para a higiene da carne e os riscos para a saúde associados entre os talhantes e os retalhistas de carne.

CAPÍTULO 2

REVISÃO DA LITERATURA

Uma informação de base adequada para a realização de qualquer trabalho de investigação provém de uma revisão sistemática e exaustiva da literatura. Os estudos anteriores fornecem orientações adequadas para a conceção do programa de investigação. A revisão dos estudos que têm uma relação direta ou indireta, de uma forma ou de outra, com o presente estudo foi tentada sob os seguintes títulos:

2.1 Perfil sócio-pessoal e riscos de saúde associados entre talhantes e retalhistas de carne.

2.2 Higiene nos matadouros e nos estabelecimentos de venda de carne a retalho.

2.3 Doenças transmitidas pela carne e práticas higiénicas de manuseamento da carne.

.

2.1 Perfil sócio-pessoal e riscos de saúde associados entre talhantes e retalhistas de carne.

Mancinelli et al. (1987) estudaram a prevalência da infeção por campylobacter jejuni entre os trabalhadores de matadouros no Paquistão Baluchistão e observaram que os trabalhadores de matadouros que estavam em contacto estreito com animais e produtos à base de carne eram mais frequentemente positivos para campylobacter jejuni do que os trabalhadores (empregados, motoristas) sem contacto estreito.

Coggan et al. (1989) investigaram a prevalência do cancro do pulmão entre as pessoas que trabalham na indústria da carne e referiram que as estatísticas de rotina sobre a mortalidade profissional e a incidência do cancro tinham revelado consistentemente taxas elevadas de cancro do pulmão nos talhantes. As explicações possíveis citadas foram a infeção por vírus cancerígenos do papiloma, a exposição a hidrocarbonetos aromáticos policíclicos e a nitritos na conservação da carne, ou um efeito de confusão do tabaco.

Ezeh et al. (1988) investigaram a prevalência de leptospirose em trabalhadores de matadouros em Jos, na Nigéria, e referiram que as más práticas dos matadouros, bem como a manipulação incorrecta de órgãos e tecidos animais infectados, eram provavelmente responsáveis pela elevada prevalência de leptospirose entre os trabalhadores.

Merilahti et al. (1991) referiram a Yersiniose como um risco para a saúde profissional dos trabalhadores que abatem suínos nos matadouros.

Little et al. (1999) investigaram 212 amostras ambientais de 105 instalações halal em Londres e referiram que nenhum pessoal de 85 instalações tinha recebido formação em higiene da carne.

Otupiri et al. (2000) efectuaram um estudo para explorar a natureza dos conhecimentos, atitudes e práticas dos talhantes em relação à zoonose no matadouro de Kumasi, no Gana, e concluíram que os talhantes são largamente inadequados para a sua profissão, tendo em conta o importante papel que desempenham na saúde pública. Os talhantes nunca receberam qualquer tipo de formação.

Mahdi e Ali (2002) investigaram a prevalência da criptosporidiose entre os manipuladores de animais (veterinários, criadores e talhantes) e consideraram-nos como um grupo de risco. Sugeriram que, para evitar grandes perdas e impedir a sua transmissão aos seres humanos, os manipuladores de carne devem estar conscientes das doenças dos animais de criação.

Hebib et al. (2003) estudaram a prevalência da brucelose na Argélia e referiram que os talhantes representavam a população que contraiu brucelose.

Mukhtar (2010) realizou um estudo transversal em quatro matadouros do distrito de Lahore e referiu que os trabalhadores dos matadouros eram geralmente mais propensos a contrair brucelose em virtude da sua exposição direta a vísceras, útero gravídico e membranas fetais de animais infectados (os locais preferidos de localização da bactéria). Os trabalhadores dos matadouros, devido à sua ocupação, não só estão em contacto com carcaças e vísceras de animais infectados, como também são infectados através de cortes nas mãos nuas, salpicos de fluido infetado na conjuntiva e inalação de aerossóis na zona de abate.

Brown et al. (2011) estudaram a sensibilização para a leptospirose entre os talhantes e referiram que a maioria dos talhantes tinha conhecimento da leptospirose.

Ngore et al. (2011) estudaram o perfil sociopessoal dos manipuladores de carne e o comportamento de consumo de carne dos consumidores e revelaram que a manipulação de carne era dominada por operadores mais jovens do sexo masculino, com agregados familiares mais pequenos, menos experientes e menos instruídos. Os manipuladores de carne nunca receberam qualquer formação formal. A maioria dos inquiridos tinha como ocupação principal a venda de carne a retalho/açougue, embora também tivessem o comércio de khat e/ou a agricultura como actividades a tempo parcial. Os inquiridos constataram também que os consumidores preferem a carne de cabra (chevon) a outros tipos de carne. Isto deve-se aos gostos dos consumidores e a outros aspectos de qualidade percebidos, como menor teor de gordura e suavidade, e também ao facto de ser de corpo pequeno e, por conseguinte, apresentar um menor risco de perecibilidade.

Tarik et al. (2012) investigaram a exposição dos trabalhadores dos matadouros à infeção pelo vírus da febre do vale do Rift (VFR) no sudoeste da Arábia Saudita e concluíram que estes trabalhadores corriam um risco elevado de contrair a infeção pelo vírus da VFR. Também referiram que o trabalho nos matadouros envolve tarefas stressantes e cansativas e que sofrem de lesões profissionais e problemas de saúde graves, incluindo perturbações músculo-esqueléticas, zoonoses, doenças de pele e lesões relacionadas com animais e instrumentos cortantes. Os trabalhadores dos matadouros são geralmente pouco qualificados; o pessoal não tem controlo sobre as suas tarefas e pode não estar consciente dos factores determinantes que afectam a sua saúde.

Awosile et al. (2013) avaliaram o conhecimento dos manipuladores de carne sobre as doenças zoonóticas e relataram que os trabalhadores têm um conhecimento médio a adequado das zoonoses, mas um conhecimento fraco das medidas preventivas.

Ghimire et al. (2013) estudaram a avaliação dos conhecimentos dos manipuladores de carne de suíno sobre doenças zoonóticas e o estado higiénico das lojas de carne de suíno do distrito de Chit Wan, no Nepal, e observaram que a maioria dos manipuladores de carne de suíno era analfabeta ou tinha um baixo nível de educação. Não tinham conhecimento de doenças zoonóticas como a campilobacteriose. As condições higiénicas dos matadouros e das lojas de venda de carne de suíno a retalho eram deficientes e o abate era efectuado em condições insalubres sobre o chão de cimento áspero.

Biwott et al. (2014) investigaram a prevalência e a distribuição de espécies únicas e múltiplas de infecções parasitárias intestinais entre os manipuladores de alimentos que trabalham no município de Eldoret, no Quénia, e revelaram que foi registada uma elevada prevalência de infecções parasitárias intestinais entre os manipuladores de alimentos que trabalham em talhos (51,0%), supermercados (31,6%) e matadouros (30,3%). Entre as espécies de protozoários e helmintas, o género Entamoeba teve significativamente (p < 0,05) a prevalência mais elevada do que todos os outros.

Dreyfus et al. (2014) estudaram a seroprevalência e os factores de risco para a leptospirose em trabalhadores de matadouros da Nova Zelândia e concluíram que o fator de risco mais forte para a seropositividade em matadouros de ovinos e cervídeos era o posto de trabalho e que a prevalência era mais elevada no atordoamento e na remoção da pele, seguidos da remoção da bexiga e dos rins. Também referiram que intervenções como a vacinação dos animais parecem ser necessárias para controlar a leptospirose como doença profissional.

Thakur et al. (2014) realizaram um estudo sobre o perfil socioeconómico comparativo e as práticas de venda dos vendedores de carne de carneiro e de frango em Himachal Pradesh e concluíram que o negócio da carne é uma atividade dominada principalmente pelos homens e que os jovens instruídos com experiência suficiente (<10 anos) estão envolvidos no negócio, especialmente no sector das aves de capoeira. A refrigeração é mais utilizada para a conservação da carne pelos vendedores de frango do que pelos vendedores de carneiro. A maioria dos talhantes utiliza água, detergente e fenil para limpar as lojas. A água quente raramente é utilizada. Observaram também que os manipuladores de carne eram afectados por riscos profissionais, especialmente os cortes e contusões durante o abate e a preparação do animal, mas nenhum dos talhantes relatou sintomas de qualquer zoonose transmitida pela carne. A maioria dos manipuladores de carne lava as mãos com sabão após o fim do dia de trabalho e alguns com água pura antes do dia de trabalho nas suas lojas. Consideram também que é necessário dar regularmente formação aos talhantes sobre a produção de carne higiénica e de qualidade para melhorar as suas práticas de manuseamento da carne.

Junaidu et al. (2015) realizaram um estudo sobre o conhecimento, a atitude e as práticas em matéria de higiene entre os trabalhadores de matadouros na região metropolitana do Estado de Kano, na Nigéria, e revelaram que a maioria dos trabalhadores (62%) estava na faixa etária de 21 a 40 anos, quase todos os inquiridos (97%) receberam formação formal em matéria de higiene em matadouros pelo pessoal de saúde pública do matadouro quando necessário. A maioria dos inquiridos tinha menos de 10 anos de experiência profissional. Observou-se também que 52% dos inquiridos lavavam as mãos antes de iniciar o trabalho, 47% lavavam as mãos algum tempo antes do trabalho e 96% lavavam as mãos sempre depois do trabalho. Cerca de 84% dos inquiridos utilizam produtos químicos como método de controlo de pragas, 49% utilizam câmaras frigoríficas para armazenar as suas carnes, 39% armazenam-nas à temperatura ambiente e 91% dos trabalhadores utilizam a refrigeração como método de conservação da carne. A higiene pessoal desempenha um papel fundamental na garantia de produtos seguros para o consumidor, segundo 98% dos inquiridos, enquanto 97% concordam que o uso de vestuário de proteção pode reduzir o risco de doenças, 85% concordam que a formação frequente do pessoal de saúde pública pode melhorar a higiene nos matadouros e quase todos os inquiridos concordam que a armazenagem inadequada da carne pode ser prejudicial para a saúde.

Umar et al. (2015) estudaram o perfil sociopessoal dos manipuladores de carne e relataram que este negócio é sensível ao género (um negócio de domínio masculino), a maioria estava na idade ativa e tinha menos educação. A maioria dos talhantes (37,5%) tinha 11-20 anos de experiência em talho ou esfola.

2.2   Higiene nos matadouros e nos estabelecimentos de venda de carne a retalho:

Cetin et al. (2006) investigaram a avaliação microbiológica das superfícies de contacto com os alimentos em fábricas de transformação de carne vermelha em Istambul, Turquia, e revelaram que a qualidade microbiológica das superfícies de contacto com os alimentos e das fontes ambientais era mais elevada. A elevada carga microbiana deveu-se à falta de limpeza eficaz, de programas de saneamento e de procedimentos de manuseamento seguros. A produção de produtos de carne seguros e de boa qualidade será possível através de procedimentos HACCP que podem eliminar, reduzir ou prevenir os riscos de segurança alimentar.

Bhandare et al. (2009) efectuaram um estudo num matadouro e em lojas de carne em Mumbai. Foi recolhido e analisado um total de 54 amostras de zaragatoas de diferentes contaminantes ambientais do matadouro, enquanto 81 amostras de zaragatoas foram analisadas em três lojas de carnes e verificaram que o número máximo de isolados foi encontrado no chão e o número mínimo na água do matadouro. Os organismos predominantes foram S. epidermidis, S. aureus, Micrococcus spp. e coliformes fecais. Nas lojas, o número máximo de isolados foi encontrado no chão e o número mínimo nos sacos de plástico. Além disso, os troncos de madeira utilizados nas lojas também revelaram uma contaminação substancial. Também referiram que é necessário educar a comunidade dos retalhistas de carne no que diz respeito à manutenção adequada da higiene e do saneamento, à aplicação de regulamentos rigorosos para a produção de carne nas lojas de carne tradicionais e ao seu controlo regular, para além de ser necessária uma vigilância periódica da contaminação ambiental no matadouro e nas lojas.

Bhandare et al. (2010) estudaram a prevalência de microrganismos de interesse higiénico num matadouro organizado em Mumbai. Os resultados revelaram que a magnitude das doenças de origem alimentar na Índia é desconhecida devido à falta de redes de vigilância. A elevada prevalência e diversidade da microflora nas carcaças na unidade de produção primária indiana, que pode ser atribuída à manipulação humana ou à preparação incorrecta

especialmente durante o processo de evisceração. Uma formação adequada em matéria de higiene pessoal e de produção é essencial para os trabalhadores das instalações de produção de carne na Índia.

Nzouankeu et al. (2010) estudaram a contaminação múltipla de frangos com Campylobacter, Escherichia coli e Salmonella em Yaounde (Camarões) e revelaram que a contaminação múltipla de frangos é um risco potencial de infeção para os consumidores e destaca a necessidade de sensibilização do público para a segurança alimentar. A transmissão cruzada de Campylobacter é muito elevada durante a transformação das aves de capoeira porque os frangos são contaminados com os seus materiais fecais e os frangos contaminados com E. coli podem dever-se ao facto de a E. coli fazer parte da flora entérica normal dos frangos. Resultados semelhantes foram obtidos na Tailândia por Padungtod (2005) e na África do Sul por Nierop W (2005).

Adetunji et al. (2011) avaliaram a carga microbiana nas instalações utilizadas no processamento de carcaças de bovinos no matadouro de demonstração de Bodija, na metrópole de Ibadan, na Nigéria, e concluíram que o aumento significativo de 100% no

TAVC obtido na parede do matadouro após o processamento é sugestivo de falta de boas práticas de gestão (BPF) no matadouro e que o aumento de 100% na carga microbiana na faca do talhante antes e depois do processamento pode dever-se às más condições de higiene do matadouro, falta de pontos de esterilização, utilização contínua de uma única faca apesar do contacto com superfícies sujas ou contaminadas e falta de separação entre processos limpos e sujos.

Kanarat et al. (2011) investigaram a prevalência de Listeria monocytogenes na cadeia de produção de frangos na Tailândia. Foi colhido um total de 14 670 amostras de 43 explorações de criação, 32 incubadoras, 1331 explorações de frangos de carne, 22 matadouros e 22 produtos de frango prontos a consumir (RTE) de fábricas de transformação. Os resultados mostraram que não havia contaminação por L. monocytogenes na cadeia de produção de frangos, exceto nos matadouros e nas unidades de transformação, devido a falhas na aplicação de boas práticas de higiene e/ou de boas práticas de fabrico.

Annan-Prah et al. (2012) investigaram os matadouros no Gana e relataram que a maioria dos matadouros no Gana estava localizada em áreas residenciais e não tinha sido protegida contra intrusões humanas e animais. Não tinham sido construídos de forma a garantir

abate higiénico adequado. As inspecções veterinárias estavam ausentes em 9,8% destes matadouros. Verificaram também que a higiene da carne (37,5%) e uma combinação de custo e higiene (38,3%) constituíam os principais critérios de compra de carne pelos consumidores.

Komba et al. (2012) Realizaram um inquérito sobre práticas sanitárias e ocorrência de doenças zoonóticas, durante o exame post-mortem, em bovinos em matadouros no município de Morogoro. Avaliaram as práticas sanitárias através de observação direta, onde foram utilizados procedimentos de inspeção post-mortem de rotina para detetar doenças zoonóticas. Durante o período de estudo, foi abatido e inspeccionado um total de 30 713 bovinos no matadouro. Os resultados revelaram práticas higiénicas deficientes ao nível das imediações do matadouro, da área de operações de abate e do pessoal, bem como das carrinhas de carne.

Magdaa et al. (2012) estudaram a avaliação da contaminação microbiana das carcaças de ovinos antes e depois da utilização de vestuário de proteção como luvas, avental, máscara e gorros em matadouros no estado de Cartum e observaram que a lavagem das carcaças com a utilização completa de vestuário de proteção reduz o nível de carga microbiana. Também referiram que a presença de bactérias na carne no matadouro indicava um manuseamento não higiénico da carne e que os processos de descontaminação são importantes para eliminar as fontes de contaminação através da prática de uma formação adequada do pessoal e da aplicação de bons métodos de higiene.

Nwachukwu e Nnamani (2012) investigaram a qualidade microbiológica da carne de peru congelada vendida em diferentes mercados em Umuahia, na Nigéria. A carne foi avaliada em termos de contagem total viável (TVC), coliformes totais (TC), Salmonella sp e Staphylococcus aureus utilizando métodos bacteriológicos padrão e encontraram uma carga microbiana mais elevada na carne devido a um manuseamento e processamento inadequados da carne de peru. Os resultados revelaram que, se as carnes não fossem processadas corretamente, poderia haver risco de deterioração da carne e de intoxicação alimentar, especialmente se não fosse adequadamente fervida antes do consumo.

Ruban et al. (2012) avaliaram a prevalência de agentes patogénicos comuns de origem alimentar (Salmonella, Staphylococcus e Escherichia coli) na carne de frango obtida em mercados húmidos de Bangalore, em diferentes condições de transformação, e concluíram que a prevalência de agentes patogénicos comuns de origem alimentar nas amostras de carne de frango do mercado é mais elevada. Além disso, referiram que o aumento dos níveis de higiene e das instalações durante a transformação foi considerado

A manutenção de uma higiene rigorosa durante o abate e a transformação é de importância primordial para a produção de carne com boa qualidade microbiana e melhor tempo de conservação, garantindo assim a segurança dos consumidores, que preferirão a carne com boa qualidade microbiana, abatida e transformada de forma higiénica.

Upadhyaya et al. (2012) estudaram as infra-estruturas e as práticas de manipulação de carne dos manipuladores de carne em lojas de carne a retalho em Katmandu e observaram uma elevada prevalência de bactérias de origem alimentar (Salmonella) nas lojas. Este facto deveu-se às deficientes infra-estruturas das lojas, tais como a falta de instalações de preparação, drenagem, diferenciação entre operações limpas e não limpas e uma falta geral de manutenção básica da higiene e do saneamento. Os resultados também revelaram que, ao manter mais de dois tipos de carne numa loja sem uma separação adequada das áreas de carne, a prevalência de contaminação aumentava devido à contaminação cruzada resultante da manipulação de dois tipos de carne.

Ahmad et al. (2013) realizaram um estudo para avaliar a carga microbiana da carne crua em matadouros e pontos de venda a retalho em diferentes áreas de Lahore. Foram colhidas amostras de carne de vaca, carneiro, chevon e frango em vários matadouros e pontos de venda a retalho, as quais foram submetidas a contagem de placas aeróbias (APC), contagem de Escherichia coli, contagem de Staphylococcus aureus e deteção de Salmonella, tendo-se verificado que, devido a condições anti-higiénicas nos matadouros e no transporte, a carga microbiana da carne crua proveniente de matadouros e lojas de venda a retalho em Lahore é elevada.

Badhe et al. (2013) investigaram a prevalência de agentes patogénicos comuns de origem alimentar na carne de frango obtida no mercado húmido de Bangalore durante diferentes condições de transformação e concluíram que, devido à falta de higiene e a melhores instalações nas lojas de carne a retalho, a prevalência de agentes patogénicos comuns de origem alimentar é mais elevada. Sugeriram também que a manutenção de uma higiene rigorosa durante o abate e a transformação é de importância primordial para produzir carne com boa qualidade microbiana e melhor prazo de validade, garantindo assim a segurança dos consumidores.

Khan et al. (2013) estudaram a prevalência, caraterização e deteção de Salmonella spp. de várias fontes de carne na cidade de Bareilly, Izatnagar. Foi recolhido um total de 400 amostras de carne de frango, peixe e gado. A prevalência mais elevada foi observada no peixe (11,0%), seguida do frango (8,0%) e da carne de vaca (4,0%), utilizando métodos culturais e de PCR. Os resultados revelaram que foi observada uma prevalência considerável de Salmonella spp. em várias amostras de carne, o que representa a utilização de condições de higiene deficientes durante o abate. Assim, o consumidor está sujeito a uma ameaça potencial para a saúde devido à salmonelose e sugere-se que sejam asseguradas boas práticas de higiene para manter a boa qualidade dos alimentos em prol da saúde pública.

Lyer et al. (2013), num estudo, investigaram dois dos principais agentes patogénicos de origem alimentar, Escherichia coli e Salmonella spp. em amostras de carne obtidas de diferentes estratos do mercado de consumo em Jeddah. Os agentes patogénicos, Escherichia coli e Salmonella spp. foram encontrados em taxas mais elevadas nas amostras de talhos. Nos pequenos talhos, a prevalência de Escherichia coli foi de 65% e a de Salmonella de 45%.

Hassanin et al. (2014) examinaram 100 amostras aleatórias de cortes de frango fresco (peito e coxa) e miúdos de frango (fígado, moela e coração) de diferentes talhos na província de El-Sharkia, no Egipto, para a contagem total de coliformes. Os resultados revelaram que os miúdos de frango estavam mais contaminados com Escherichia coli do que os cortes de frango (as amostras de coxa e peito estão mais contaminadas com Escherichia coli do que as outras amostras, o que pode ser atribuído à exposição das amostras de coxa à contaminação fecal pelas mãos do trabalhador durante o abate). Os resultados também revelaram que as contagens elevadas de coliformes se deviam a técnicas de abate inadequadas, superfícies contaminadas, água contaminada e/ou manuseamento da carne por manipuladores de alimentos infectados.

Kaushik et al. (2014) estudaram o isolamento e a prevalência de Salmonella a partir de carne de frango crua recolhida em mercados locais de Patna. Foi recolhido um total de 370 amostras, das quais 23,7% (54/228) amostras de carne de frango foram consideradas positivas para Salmonella. Isto pode dever-se a práticas de higiene deficientes e os níveis de prevalência podem ser reduzidos através da adoção de práticas de higiene durante o abate de aves de capoeira.

Mathew et al. (2014) estudaram a avaliação da qualidade bacteriana da carne de bovino comercializada e observaram que a contaminação bacteriana que ocorre durante o abate, a preparação e o processamento da carne de bovino é um problema difícil encontrado na indústria da carne. Também destacaram as condições precárias e insalubres da carne vendida nos pontos de venda a retalho, o que, por sua vez, pode representar um grave risco para a saúde pública. Além disso, a carne com uma elevada carga bacteriana também diminui o seu prazo de validade. Recomendaram que os retalhistas e os talhantes fossem informados da necessidade de praticar a higiene pessoal durante a preparação e a venda da carne.

Modak et al. (2014) realizaram um estudo para examinar a disponibilidade de contaminação microbiana na carne de retalho disponível em Vellore. Foram recolhidas amostras de frango de carne crua do mercado local de Vellore e analisadas quanto à contaminação microbiológica. Os resultados revelaram que foram isoladas bactérias patogénicas em 83% das amostras. Estas incursões microbianas resultam sobretudo de manuseamento e práticas pouco higiénicas durante a transformação da carne, sobretudo nos países em desenvolvimento. Também referiram que essas contaminações microbianas se devem a hábitos casuais de espirros e tosse dos manipuladores e transformadores de carne. A sobrelotação, a pobreza, as condições sanitárias inadequadas e a falta de higiene geral são causas típicas.

Mohammed et al. (2014) estudaram a comparação da prevalência da Escherichia coli em relação ao local (zona do pescoço e do peito, membros anteriores e posteriores e zonas lombares) e ao período (feriados e não feriados) de amostras de carne recolhidas em matadouros na cidade de Dire Dawa, na Etiópia Oriental. Os resultados revelaram que a zona do pescoço e do peito foi a mais contaminada (29,95%), seguida da zona lombar (17,52%), dos membros anteriores (11,49%) e dos membros posteriores (7,14%). Registou-se uma contaminação significativamente mais elevada da carcaça (P<0,05) com Escherichia coli durante as férias (30,77%) do que fora das férias (13,55%). A diferença acentuada na prevalência de Escherichia coli entre os dois períodos pode ser atribuída ao grande número de animais abatidos durante os feriados, o que pode causar contaminação devido à sobrecarga dos trabalhadores do matadouro, com a consequência de cometerem erros (por exemplo, perfuração do trato gastrointestinal de quase todos os isolados de Escherichia coli aos antibióticos testados) no processo de abate, como a esfola, a evisceração e o carregamento. A presença de Escherichia coli na carne de bovino abatida em matadouros na cidade de Dire Dawa pode provavelmente dever-se às más condições sanitárias durante a transformação.

Nnachi et al. (2014) avaliaram a qualidade microbiana da carne crua vendida em Onitsha, no

Estado de Anambra, na Nigéria, e referiram que a população microbiana que entra em contacto com a carne fresca durante o abate, a preparação e a transformação constitui um problema difícil para a indústria da carne, suscitando preocupações quanto ao seu potencial para a transmissão de infecções de origem alimentar. Sugeriram que se assegurassem práticas de higiene adequadas entre os talhantes e que se realizassem análises microbianas intermitentes e uma monitorização constante, a fim de produzir carne higiénica e saudável que garantisse a segurança da saúde pública.

Singh et al. (2014) estudaram a avaliação da qualidade bacteriana de amostras de carne crua (carabeef, chevon, porco e aves de capoeira) provenientes de pontos de venda de carne a retalho e de matadouros locais da região de Agra. Os resultados revelaram que a qualidade da carne vendida nos mercados da região de Agra era má e que era necessário melhorar as condições de higiene durante a produção, a transformação e a armazenagem da carne para venda a retalho. Referiram também que a carne crua deveria ser manuseada com medidas de higiene adequadas e que deveria haver uma monitorização microbiana contínua para salvaguardar a saúde dos consumidores.

2.3 Doenças transmitidas pela carne e práticas higiénicas de manuseamento da carne:

Labie (1979) relatou que as doenças parasitárias que podem ser transmitidas ao consumidor através da carne, apesar das medidas higiénicas prevalecentes e dos procedimentos de inspeção da carne, são a cisticercose, a triquinelíase, a hidatidose e a toxoplasmose. Salientou que devem ser adoptadas medidas de higiene mais rigorosas.

Hathaway (1993) afirmou que a higiene da carne consiste em três actividades principais: inspeção post-mortem; monitorização e vigilância dos riscos químicos e manutenção de boas práticas de higiene em todas as fases entre o abate e o consumo de carne. Ele também descobriu que a análise de risco oferece uma nova oportunidade para facilitar a realização de objectivos modernos de higiene da carne e melhorar a segurança e a salubridade da carne e dos produtos à base de carne no comércio local e internacional, através do estabelecimento de normas e especificações harmonizadas internacionalmente, que são consistentes e baseadas na ciência.

Maguire et al. (1993) estudaram o surto de Salmonella typhimurium ocorrido em julho e agosto de 1989, que afectou 206 pessoas numa pequena cidade do norte de Inglaterra. Um estudo descritivo sugeriu que as carnes frias, incluindo a carne de porco de uma loja de carnes da cidade, eram veículos de infeção.

Bolton (1996) avaliou as práticas de manuseamento de carne dos manipuladores de carne e observou que o manuseamento de carne ocorre de uma forma muito desorganizada. Observou também que, devido à inexistência de uma cadeia de frio, o produto é vendido e consumido sem demora. A falta de instalações de armazenamento aumenta a deterioração da carne e a ameaça que pode surgir põe em perigo a saúde dos consumidores.

Samad et al. (1997) investigaram as cabras abatidas no Bangladesh e concluíram que a carne de cabra infetada pode ser uma fonte significativa de infeção por Toxoplasma gondii para os seres humanos.

Joshi et al. (2001) efectuaram um estudo sobre a situação epidemiológica da taenia/cisticercose entre os seres humanos no Nepal. Os resultados revelaram que a taeníase e a cisticercose prevalecem em Katmandu e Dhahran devido a vários factores, nomeadamente o abate descontrolado, a falta de um programa de inspeção da carne, a falta de sensibilização para as doenças transmitidas pela carne, as condições anti-higiénicas dos locais de abate devido à falta de matadouros, a poluição ambiental, etc. A incidência de taeníase/cisticercose humana poderia ser controlada através da criação de suínos em condições de higiene e da melhoria da qualidade ambiental nos matadouros de suínos, sob a supervisão de técnicos médicos e veterinários.

Mbata (2001) referiu que a carne de aves de capoeira poderia estar contaminada com uma variedade de agentes patogénicos de origem alimentar que causam doenças humanas devido à manipulação de carne crua e à subcozedura ou ao manuseamento incorreto dos produtos cozinhados. Embora a Salmonella e a Campylobacter spp. continuem a ser os organismos que suscitam maior preocupação a nível mundial, outros organismos presentes incluem as Arcobacter e Helicobacter spp. mais recentemente notificadas e, ocasionalmente, Escherichia coli verotoxigénica.

Joshi et al. (2003) afirmaram que a falta de instalações de abate adequadas e as técnicas de abate insatisfatórias estão a causar perdas desnecessárias de carne, bem como de subprodutos inestimáveis das carcaças dos animais. Os locais de abate estão frequentemente contaminados. Os produtos à base de carne provenientes de tais condições são frequentemente deteriorados devido a infecções bacterianas ou contaminados, o que pode causar intoxicação alimentar ou doenças nos consumidores. Devido à falta de aplicação da lei de inspeção da carne e à consequente ausência de inspeção da carne, a carne de animais doentes ou infectados por parasitas está a servir de fonte de infeção para os seres humanos e outros animais. Além disso, a qualidade da carne é afetada negativamente pela manipulação descuidada nos locais de abate, bem como nos mercados ou lojas de carne.

Sneed et al. (2004) demonstraram que, se os manipuladores de carne tomarem seriamente em consideração a limpeza das suas mãos, corpo e vestuário, isso ajudará a evitar a incidência de contaminação cruzada da carcaça.

Gulmez et al. (2006) referiram que o controlo da contaminação cruzada de microrganismos para as carcaças durante o abate, a transformação, a armazenagem, o manuseamento e a preparação é um desafio complexo e que a incorporação de uma etapa de descontaminação durante os procedimentos de abate e preparação pode melhorar a qualidade e a segurança da carne e dos produtos à base de carne e aumentar o prazo de validade das carcaças.

Bhattacharya e Dash (2007) estudaram o aumento súbito da ocorrência de Salmonella Paratyphi nos músculos do peito de frango. Os resultados revelaram que a contaminação da carne com Salmonella diminuía com o aumento da sofisticação das instalações de abate e que os músculos da coxa eram altamente susceptíveis de contaminação em comparação com o músculo do peito, independentemente das condições de transformação. A taxa mais elevada de incidência de Salmonella pode ser atribuída à falta de cadeias de frio adequadas, ao fornecimento inadequado de energia e aos baixos níveis de higiene nos pontos de venda a retalho.

Nwanta et al. (2008) estudaram as operações dos matadouros e a gestão dos resíduos no Níger e referiram que a inspeção dos animais vivos (ante-mortem) e da carcaça (post-mortem) nos matadouros eram as duas etapas cruciais para controlar as doenças animais e as zoonoses, bem como para garantir a adequação da carne e dos subprodutos aos consumidores.

Ali et al. (2010) investigaram a contaminação da carne disponível a retalho em Karachi, Paquistão, recolhendo amostras de carne crua (250) e esfregaços de superfície (90) do equipamento de processamento de carne e do ambiente circundante. As amostras foram analisadas quanto à contaminação microbiológica. Das 340 amostras, 84% estavam contaminadas com espécies de bactérias, incluindo Klebsiella, Enterobacter, Staphylococcus aureus e Bacillus subtilis. Um total de 550 (66%) dos isolados bacterianos eram potenciais agentes patogénicos. Destes, 342 e 208 isolados eram provenientes de amostras de carne e ambientais, respetivamente. A carga microbiana deveu-se à falta de limpeza das infra-estruturas e dos equipamentos.

Frederick et al. (2010) estudaram a qualidade microbiana do chevon e da carne de carneiro vendidos na metrópole de Tamale, no norte do Gana, e observaram que a carne estava contaminada com uma elevada carga microbiana, principalmente Salmonella spp. Referiram ainda que a elevada contaminação microbiana pode dever-se ao abate não higiénico de animais em matadouros e, por vezes, em quintais, sem observância de práticas de higiene rigorosas. A carne é normalmente transportada para os mercados em carrinhas de transporte de carne (em mau estado de conservação), táxis, motociclos e bicicletas. A carne era vendida nos mercados ao ar livre, em mesas que não eram bem conservadas ou limpas depois do trabalho. Os talhantes e os vendedores de carne prestam pouca atenção à sua higiene pessoal e servem a carne com as mãos e a roupa sujas.

Gregory (2010) efectuou um estudo sobre o bem-estar dos animais nos mercados e durante o transporte e o abate. Observou que o stress e as lesões físicas que ocorrem antes e durante

o transporte, o manuseamento nos mercados de gado e o momento em que os animais são colocados para abate nos matadouros têm efeitos importantes na qualidade da carne. E sugeriu que, a fim de melhorar a qualidade da carne e reduzir as perdas, o animal deve ser transportado e manuseado corretamente para evitar o stress.

Sahay et al. (2010) realizaram um estudo sobre os riscos para a saúde associados à carne entre talhantes e retalhistas em Bareilly, Uttar Pardash. Os resultados revelaram que, entre os vários modos de transmissão, os talhantes e retalhistas de carne estavam mais sensibilizados para as pessoas de contacto. Os talhantes e retalhistas estavam sensibilizados para doenças zoonóticas como a gripe aviária, a raiva, a tuberculose e o carbúnculo, ao passo que estavam menos sensibilizados para doenças como a teníase, a salmonelose, a brucelose e a leptospirose. Também referiram que cerca de um por cento dos talhantes e retalhistas consideravam que a iterícia e a lepra eram doenças em que não se devia trabalhar, ao passo que, no caso de algumas doenças/sintomas de doenças com as quais se podia trabalhar, eram o corrimento dos olhos, dos ouvidos e do nariz, a amigdalite, o eczema e a diarreia. Os manipuladores de carne dão uma opinião correcta em caso de iterícia, fracturas, odor anormal das carcaças, quisto no fígado, tumor no fígado, líquido na cavidade pleural, edema dos gânglios linfáticos. Observaram ainda que a maioria dos manipuladores de carne considerava que a formação básica e formal ministrada pelo governo durante uma semana melhoraria as suas competências em matéria de abate, identificação de doenças, armazenagem e exposição da carne.

Al-Mutairi (2011) estudou a incidência de enterobacteriacae causadora de intoxicação alimentar em alguns produtos à base de carne. Foram recolhidos diferentes produtos à base de carne (Kofta, salsicha e shawerma) de diferentes supermercados e lojas na província de Giza, no Egipto, para exame bacteriológico a fim de determinar a sua qualidade sanitária. Verificou que a Kofta, a salsicha e o shawerma estavam contaminados por Escherichia coli, Salmonella, Klebsiella spp. e Proteus spp. O elevado nível de contaminação por coliformes nos produtos à base de carne examinados indica condições insalubres de produção de carne crua e actua como indicador de poluição fecal no matadouro, que começa com a esfola e o contacto direto com as facas e as mãos dos trabalhadores. Além disso, durante a evisceração e a lavagem, a contaminação pode provir do conteúdo intestinal, bem como da água durante o enxaguamento e a lavagem das carcaças. Os produtos à base de carne mal cozinhados têm causado muitos incidentes de intoxicação alimentar associados à Escherichia coli, que está presente nas faces, nos intestinos e na pele de bovinos saudáveis, de onde pode potencialmente contaminar a carne durante o processo de abate.

Frimpong et al. (2012) efectuaram um estudo sobre o manuseamento dos animais durante o transporte e as práticas de manuseamento da carne no matadouro de Kumasi, no Gana. Observaram que a forma desumana de manuseamento dos animais e a sua morte eram comuns devido a procedimentos de carga e descarga deficientes, sobrelotação e queda do camião, fome, doenças e condições meteorológicas desfavoráveis durante o transporte. Os procedimentos de abate e a distribuição da carne aos talhos careciam de boas condições de higiene, comprometendo a segurança e a qualidade da carne. Também referiram que as questões do bem-estar animal e da segurança e qualidade da carne devem ser objeto de atenção e que os organismos competentes devem planear melhorias.

Rahman e Kabir (2012) estudaram as práticas de manuseamento de carne dos manipuladores de carne no Bangladesh e observaram que a situação da produção e fornecimento de carne em termos de manuseamento, abate e preparação de animais para alimentação ocorre de forma muito desorganizada e em condições insalubres. Em geral, as condições de pré-abate, de saneamento, de remoção dos resíduos e de eliminação das miudezas são inexistentes ou deficientes. Verificaram também que existem muitos matadouros de campo criados pelos próprios nas zonas rurais e urbanas, em pequenas cidades e mesmo nas cidades, o abate continua a ser efectuado por talhantes não autorizados nos campos, arbustos, quintais ou em algumas esquinas, onde os animais mortos são esfolados, eviscerados e preparados. As carcaças preparadas são transformadas em vários cortes e porções e vendidas aos clientes sem qualquer programa de inspeção da carne ante-mortem e post-mortem. Não existe uma aplicação adequada das leis, regulamentos e normas, pelo que a carne obtida a partir destes animais não pode ser considerada isenta de potenciais ameaças de factores de risco para a saúde.

Ranjhan (2012) estudou os aspectos de segurança e qualidade da carne de búfalo e dos produtos à base de carne em Uttar Pardash. Os resultados mostraram que os matadouros municipais na Índia que servem o mercado interno são muito antigos e não dispõem de instalações básicas de higiene e que a contaminação das carcaças ocorre durante o transporte e a exposição inadequados e sem higiene das carcaças. Sugeriu que o governo tomasse medidas para melhorar a qualidade e a segurança da carne e dos produtos à base de carne, incluindo normas para matadouros, instalações de transformação e vários produtos à base de carne.

Thakur et al. (2012) realizaram um estudo sobre a inspeção da carne e as práticas de bem-estar animal na região noroeste dos Himalaias e constataram que o abate a céu aberto era comum. A maioria dos matadouros carece de comodidades básicas como luz, ventilação e água. As instalações de estabulação também não dispunham de luz adequada, o que dificultava a inspeção ante-mortem e post-mortem.

Os animais não dispunham de água suficiente e, fora da alimentação, a oferta de água potável aos animais antes do abate era também uma prática pouco seguida. A inspeção regular da carne era realizada como um dever adicional apenas por alguns (22,50%) veterinários e o papel do veterinário restringia-se apenas à inspeção da carne. A emissão de licenças para actividades de abate era da responsabilidade da administração distrital/órgãos municipais. Também referiram que a maioria dos manipuladores de carne recebe formação informalmente, apenas através de familiares ou colegas.

Davies et al. (2013) estudaram a importância da inspeção da carne e concluíram que a inspeção antemortem e post-mortem de ovinos e caprinos permite a deteção de anomalias observáveis e também tem o potencial de detetar novas doenças se estas tiverem sinais clínicos, que podem ser de importância direta para a saúde pública. Também referiram que a inspeção post-mortem pode igualmente detetar perigos não transmitidos pela carne com importância para a saúde pública que podem estar presentes nas carcaças ou nas miudezas dos pequenos ruminantes.

Oluwafemi et al. (2013) efectuaram um estudo sobre a qualidade da carne, a segurança nutricional e a importância para a saúde pública da carne de bovino e das práticas de transformação da carne de bovino na Nigéria. Relataram que as carcaças frescas são expostas a várias condições anti-higiénicas durante o abate e que a contaminação microbiológica em tal situação continua a constituir um grave risco para a saúde dos consumidores. Informaram ainda que as agências governamentais, os organismos para-estatais e outras partes interessadas devem garantir o cumprimento rigoroso das políticas e procedimentos que proporcionarão aos consumidores carne segura e de elevada qualidade. Também referiram que a necessidade de sensibilização do público para o manuseamento adequado e higiénico da carne, desde o matadouro até ao retalhista e aos consumidores, deve ser enfatizada e que as práticas adequadas de abate, transporte e manuseamento higiénico devem ser incentivadas para garantir que o consumidor obtenha carne de qualidade.

Anbalagan et al. (2013) estudaram o efeito da baixa temperatura na carga bacteriana da carne de frango, de carneiro e de vaca em relação à deterioração da carne em Tamil Nadu. Os resultados revelaram que a deterioração da carne (frango, carneiro e vaca) depende da temperatura e da duração do tempo de armazenamento. Observaram que, a baixa temperatura, o crescimento de micróbios patogénicos era interrompido e a deterioração da carne era reduzida. A baixa temperatura também reduz a gama de pH (pH 7 a 5) e a redução do pH (condição ácida) foi uma prova da redução do processo de deterioração da carne. Boas instalações de armazenamento em lojas de venda de carne a retalho evitarão, portanto, a deterioração da carne e também manterão a sua qualidade.

Bradeeba et al. (2013) afirmaram que a deterioração ou contaminação da carne é uma das principais fontes de doenças de origem alimentar nos países em desenvolvimento, incluindo a Índia.

Estes contaminantes não só indicam os perigos para a saúde, mas também actuam como um sinal de alerta para uma possível ocorrência de intoxicação alimentar. Sugeriram que a comunidade científica se juntasse às autoridades reguladoras para sensibilizar para os princípios básicos de higiene e para dar formação aos manipuladores de carne em matéria de segurança alimentar.

Gebremichael e Mohammed (2013) estudaram os factores de risco e a importância para a saúde pública da cisticercose em bovinos e humanos do distrito de Indasilassie, no norte da Etiópia. Os resultados revelaram que a cisticercose bovina e a taeníase eram comuns em locais onde as condições de higiene são deficientes e os habitantes comem tradicionalmente carne crua ou insuficientemente cozinhada. Devido ao hábito de comer pratos de carne de vaca crua ou mal cozinhada, como o "kourt" e o "kitffo", a taeníase nos seres humanos é comum na Etiópia. A prevalência da teníase foi mais elevada entre a comunidade cristã do que entre os muçulmanos na área de estudo. Porque o consumo de carne crua não é comum nos muçulmanos como nos cristãos. Além disso, celebram várias festas anuais com a tradição de consumir carne crua. Por conseguinte, para reduzir a transmissão, é imperativo educar o público no sentido de evitar o consumo de carne crua, recomendar a utilização de latrinas e melhorar os padrões de higiene humana.

Haileselassie et al. (2013) avaliaram os conhecimentos e as práticas de segurança alimentar no manuseamento da carne, a determinação da carga microbiana e dos organismos patogénicos na carne na cidade de Mekelle, na Etiópia. Foi utilizado um modelo de inquérito descritivo para responder a questões relativas ao estado atual da higiene alimentar e do saneamento praticado nos matadouros e talhos. Os resultados revelaram que 15% dos trabalhadores dos matadouros não dispunham de certificado sanitário e que não havia água quente, esterilizadores e instalações de refrigeração nos matadouros, enquanto 11,3% dos trabalhadores não usavam panos de proteção. Referiram também que a segurança da carne poderia ser melhorada através de melhores condições de higiene durante o abate e que a contaminação poderia ser reduzida através da adoção de medidas de higiene.

Khan et al. (2013) investigaram a avaliação da contaminação microbiana das notas de papel-moeda indianas em circulação na cidade de Coimbatore, Tamil Nadu, e referiram que as notas de moeda representam um meio universal para a transmissão de bactérias no ambiente e entre os seres humanos. Existe a possibilidade de as notas poderem atuar como veículos ambientais para a transmissão de organismos patogénicos. A investigação foi efectuada em cento e vinte notas de papel-moeda indianas de todas as denominações obtidas de diferentes grupos profissionais. Os resultados revelaram a participação ativa dos seguintes organismos: Escherichia coli, Bacillus spp, Klebsiella spp, Staphylococcus aureus, Salmonella spp e Pseudomonas spp. Concluíram que as notas de papel-moeda indianas estão altamente contaminadas com microrganismos patogénicos e que esta contaminação pode desempenhar um papel significativo na transmissão de doenças infecciosas, pelo que é necessário ter cuidado ao manusear dinheiro durante a preparação e o manuseamento de alimentos, carne e produtos à base de carne para evitar a contaminação cruzada.

Lawan et al. (2013) estudaram a avaliação das instalações físicas e das operações de transformação dos principais matadouros nos estados do Noroeste da Nigéria e observaram que não havia uma manutenção adequada dos registos, nem uma inspeção formal da carne ante-mortem e post-mortem. A higiene e o saneamento eram praticamente inexistentes nestes matadouros. Doenças como a tuberculose, a pleuropneumonia contagiosa, a fasciolose e a hidatidose foram as mais frequentemente encontradas durante o estudo. Revelaram também que apenas 40% dos talhantes apoiavam a utilização de instalações operacionais normalizadas durante o funcionamento, enquanto os restantes rejeitavam a ideia e que os principais matadouros dos Estados de Kaduna, Kano e Sokoto, no Noroeste da Nigéria, se encontravam num estado deplorável e que as infra-estruturas degradadas não podiam suportar a produção de carne e de produtos à base de carne seguros e saudáveis para consumo humano.

Ali et al. (2014) estudaram a prevalência da brucelose no Rajastão ocidental e referiram que os manipuladores de carne corriam um risco elevado de contrair brucelose e que a transmissão através de abrasões e cortes na pele era o método mais comum. A ingestão de carne crua ou parcialmente cozinhada é outra fonte de infeção.

Bogere e Baluka (2014) estudaram a qualidade microbiológica da carne ao nível do matadouro e do talho na cidade de Kampala, no Uganda. Observaram que todos os talhos expunham a carne abertamente, pendurada, e que a expunham abertamente, mantendo-a na superfície da mesa. O chão do matadouro não estava limpo, as facas e outros instrumentos de corte eram manuseados sem cuidado, as balanças não estavam limpas e todo o matadouro não dispunha de instalações para a lavagem das mãos. A contaminação da carne durante o transporte do matadouro para as lojas de venda de carne a retalho e as más práticas de higiene ao nível do matadouro, por exemplo, a falta de instalações de lavagem das mãos e de cadeia de frio, podem ser factores que contribuem para o crescimento bacteriano.

Fearon et al. (2014) investigaram as operações do matadouro, a produção e a gestão de resíduos na metrópole de Tamale, no Gana, e avaliaram a taxa de produção e gestão de efluentes no matadouro de Tamale. Também foram investigados os métodos adoptados no processamento de carcaças de animais, incluindo o manuseamento/transporte para centros de retalho. O manuseamento e o transporte das carcaças para os vários pontos de venda foram geralmente efectuados em condições não higiénicas, expondo a carne a todo o tipo de contaminantes.

Kebede et al (2014) estudaram a avaliação da qualidade bacteriológica da carne vendida nos talhos de Adigrat, Tigray, Etiópia, e relataram que a carne contém uma abundância de todos os nutrientes necessários para o crescimento de bactérias em quantidade adequada. Observaram também que a manipulação descuidada da carne nos locais de abate e nos talhos afecta a qualidade da carne, o que indica a presença de contaminação. Por conseguinte, deve ser dada especial atenção à higiene da carne, tanto nos talhos como nos matadouros.

Tuneer e Madhavi (2015) estudaram o estado de higiene e a manipulação da carne dos talhantes na cidade de Jagdalpur, Chhattisgarh. Os resultados revelaram que o estado de higiene dos frangos, dos abatedores de cabras e dos vendedores de peixe era deficiente e que os manipuladores de carne nos matadouros e nas peixarias não aplicavam práticas de higiene durante o corte e a transformação da carne devido à escassez de conhecimentos e de acções de formação. Sugeriram que, para proteger as pessoas contra agentes patogénicos e infecções de origem alimentar e para evitar contaminações, precauções como o uso de água fresca, equipamento esterilizado e sabonetes desinfectantes deveriam ser seguidas com seriedade pelos talhantes durante o abate dos animais, de modo a manter boas condições de higiene nos matadouros.

CAPÍTULO 3

MATERIAIS E MÉTODOS

Este capítulo descreve as etapas processuais seguidas durante o curso do estudo. Foram efectuados os seguintes passos:

3.1 Seleção do local.

3.2 Formulação do plano de amostragem.

3.3 Seleção de variáveis e sua medição.

3.4 Elaboração do programa final de entrevistas.

3.5 Recolha de dados.

3.6 Análise e interpretação dos dados.

3.1 Seleção do local

O presente estudo foi realizado no distrito de Jammu, no Estado de Jammu e Caxemira. Jammu e Caxemira são constituídos por três divisões: Jammu, Caxemira e Ladakh. O Estado é composto por 22 distritos, dos quais Jammu é um dos mais importantes e mais populosos, com uma população de 15 29 958 habitantes (Censo, 2011). Situa-se a $23,73^0$ N e $74,87^0$ E. O distrito de Jammu situa-se numa região sub-montanhosa, no sopé dos Himalaias, e fica a cerca de 600 quilómetros da capital nacional, Nova Deli (Fig.1)

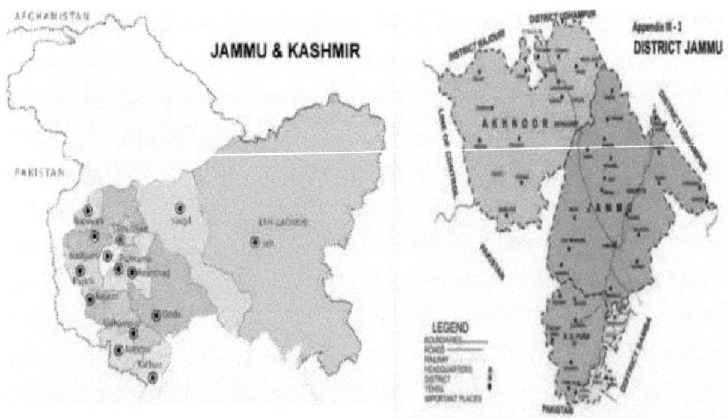

Fig.1. Mapa do local de estudo

3.2 Formulação do plano de amostragem

3.2.1 Seleção dos matadouros: Três matadouros do distrito de Jammu, situados em Nagrota, Old Rehari e Gujjar Nagar, foram seleccionados propositadamente para o estudo.

3.2.2 Seleção dos talhantes: Foi elaborada uma lista dos talhantes dos matadouros seleccionados. Foram seleccionados aleatoriamente dez talhantes de cada matadouro.

3.2.3 Seleção dos retalhistas de carne: Após a preparação da lista completa dos mercados de carne que operam no distrito de Jammu, foram seleccionados três mercados de carne e, de cada mercado de carne selecionado, foram escolhidas aleatoriamente dez lojas de venda de carne a retalho. De cada loja de venda de carne a retalho selecionada aleatoriamente, foi escolhida propositadamente uma pessoa que estivesse ativamente envolvida no abate de animais e na venda de carne na loja de venda de carne a retalho. Assim, foi selecionado um total de trinta retalhistas.

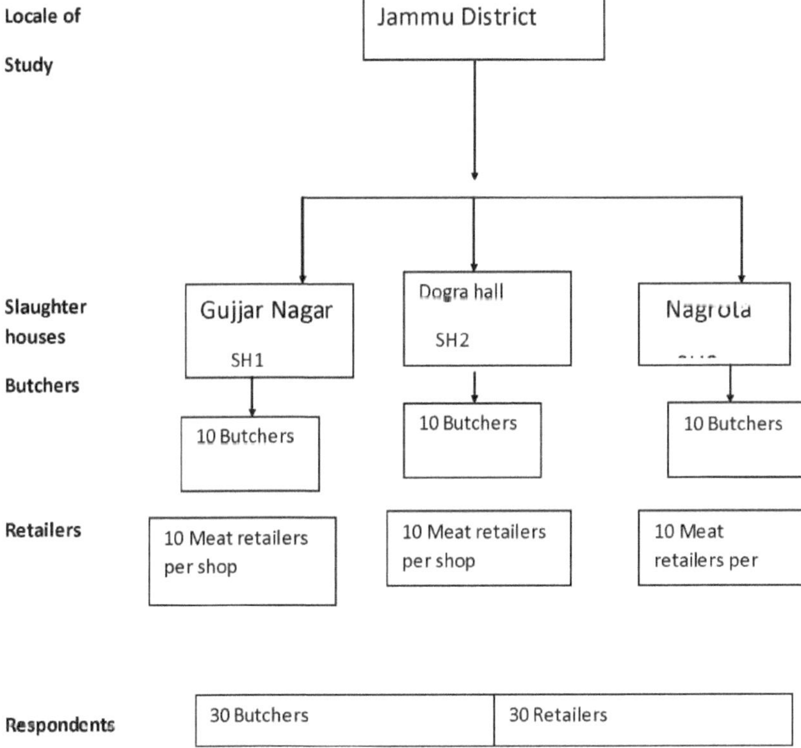

Fig.2. Diagrama de fluxo do plano de amostragem

3.3 Seleção de variáveis e sua medição

Tendo em conta os objectivos do estudo, procedeu-se a uma análise exaustiva da literatura e realizou-se uma discussão com os membros do corpo docente da Divisão de Ensino de Extensão Veterinária e Zootécnica, para selecionar as variáveis. Foram seleccionadas e operacionalizadas no estudo as seguintes variáveis

3.3.1.1 Idade

A idade é um período da vida, medido em anos a partir do nascimento, geralmente marcado por uma determinada fase ou grau de desenvolvimento mental ou físico. No presente estudo, refere-se à idade cronológica dos inquiridos, em anos, no momento da recolha de dados. Foi medida através de perguntas directas e os inquiridos foram classificados nas seguintes categorias

Categoria	**Média e S.D**
a) Jovem	= Inferior (Média - S.D)
b) Médio	= Entre (Média ± S.D)
c) Antiga	= Acima (Média + S.D)

3.3.1.2 Género

O termo género descreve os atributos socialmente determinados de homens e mulheres. No presente estudo, os inquiridos foram classificados em homens e mulheres.

3.3.1.3 Educação

A educação é o processo formal pelo qual a sociedade transmite deliberadamente os seus conhecimentos, competências, costumes e valores acumulados de uma geração para outra. No presente estudo, refere-se à educação formal recebida pelos inquiridos. Foi medida utilizando a escala socioeconómica desenvolvida por Pareek e Trivedi (1964). Foi classificada nas seguintes categorias

a)   **Analfabeto** : Refere-se às pessoas que não têm qualquer educação formal.

b)   **Só sabe ler**: Refere-se aos inquiridos que sabem ler em urdu.

c)   **Sabe ler e escrever**: Refere-se aos inquiridos que sabem ler e escrever em urdu.

d)   **Primário**: Referia-se aos inquiridos que tinham apenas o ensino primário.

e)   **Médio**: Referia-se aos inquiridos que tinham educação formal até ao   nível médio.

f)   **Ensino secundário**: Referia-se aos proprietários de gado que tinham instrução até ao ensino secundário.

g)   **Licenciado e superior**: Refere-se aos inquiridos que tinham formação até à licenciatura ou superior.

3.3.1.4 Casta

A casta refere-se ao estatuto hierárquico conferido a um membro da sociedade desde tempos imemoriais. Além disso, refere-se a uma categoria bem definida, que é decidida pelo nascimento de um indivíduo num determinado grupo hierárquico. A casta dos inquiridos foi registada através de perguntas directas e os inquiridos foram classificados em quatro grupos Geral, Casta Registada (SC), Tribos Registadas (ST) e Outras Classes Atrasadas (OBC).

3.3.1.5   Religião

A religião refere-se a formas cerimoniais de expressar a crença das pessoas no poder supremo do universo que orienta o padrão ideal e correto de comportamento. A religião dos inquiridos foi registada através de perguntas directas. Com base na religião, os inquiridos foram classificados como hindus, muçulmanos, cristãos, sikh e outros.

3.3.1.6   Profissão principal

A ocupação principal refere-se ao trabalho ou negócio principal dos inquiridos, especialmente como meio de ganhar dinheiro. No presente estudo, foi operacionalizada como a principal fonte de rendimento dos inquiridos. Foi elaborada uma grelha para registar a ocupação principal dos inquiridos, que consiste nas seguintes categorias

a)   Trabalhar em matadouros como talhantes

b)   Comércio retalhista de carne

c)   Ambos

3.3.1.7   Ocupação subsidiária

A ocupação subsidiária refere-se ao trabalho ou atividade profissional para além do trabalho ou atividade profissional principal que uma pessoa realiza para complementar o seu rendimento. A ocupação subsidiária dos inquiridos foi registada através de perguntas directas e consiste nas seguintes categorias

a)   Trabalhar como talhante em matadouros

b)   Comércio a retalho de carne

c)   Comercialização de animais de carne

d)   Cozinhar

e)   Sem atividade subsidiária

3.3.1.8   Rendimento familiar bruto (por mês)

O rendimento familiar bruto refere-se ao rendimento mensal, em rupias, da atividade principal e subsidiária geradora de rendimentos dos inquiridos e dos membros da sua família. Foi medido através de perguntas directas e os inquiridos foram classificados nas seguintes categorias

Categoria   **Média e S.D**

a) Baixa   = Inferior (Média - S.D)

b) Médio   = Entre (Média ± S.D)

c) Elevado   = Acima (Média + S.D)

3.3.1.9 Rendimento anual bruto do comércio açougueiro e/ou retalhista de carne

Refere-se ao rendimento anual, em rupias, proveniente do talho e/ou do comércio a retalho de carne. Foi medido através de perguntas directas e os inquiridos foram classificados nas seguintes categorias

Categoria	**Média e S.D**
a) Baixa	= Inferior (Média - S.D)
b) Médio	= Entre (Média ± S.D)
c) Elevado	= Acima (Média + S.D)

3.3.1.10   Experiência

A experiência é operacionalizada como o envolvimento dos talhantes e retalhistas de carne na manipulação da carne em termos de número de anos passados na profissão de manipulador de carne. Foi medida através de perguntas directas e os inquiridos foram classificados nas seguintes categorias

        a)   < 5 anos

        b)   5-15 anos

        c)   > 15 anos

3.3.1.11   Carga de trabalho

A carga de trabalho refere-se à quantidade de trabalho em termos de horas de trabalho, dias de trabalho por semana, etc., realizado pelos talhantes ou retalhistas de carne. Foi elaborada uma tabela para registar a carga de trabalho dos inquiridos, que consiste nas seguintes categorias

        a)   Baixo (< 6 horas)

        b)   Médio (6-10 horas)

        c)   Elevado (> 10 horas)

3.3.1.12   Licença

Refere-se à licença emitida pela autoridade competente para efetuar práticas de produção de carne. Foi medida através de perguntas directas e os inquiridos foram classificados nas seguintes categorias

a) Com carta de condução válida

b) Sem exploração válida

2.3.1. 13 Formação

É o requisito básico para melhorar as competências e a capacidade de realizar o trabalho de forma eficiente. No presente estudo, refere-se à formação recebida pelos inquiridos para um melhor desempenho profissional. Foi medida através de perguntas directas e os inquiridos foram classificados nas seguintes categorias

a) Formado na instituição

b) Formado por membros da família

c) Formado por um colega

3.3.2 Variáveis dependentes

O estudo consistiu nas seguintes variáveis dependentes:

3.3.2.1 Sensibilização para a higiene da carne entre talhantes e retalhistas de carne

Refere-se à sensibilização para todas as condições e medidas necessárias para garantir a segurança e a adequação da carne em todas as fases de abate, transformação, exposição, venda e armazenamento da carne nos matadouros e nas lojas de venda de carne a retalho. Foram fornecidas aos talhantes algumas afirmações importantes relacionadas com a higiene pessoal, o significado do seu trabalho para a saúde pública, a importância da lavagem das mãos, a sensibilização para a contaminação cruzada das carcaças, o impacto do ambiente na qualidade da carne, a inspeção da carne, o risco de produzir carne pouco segura e pouco higiénica, as medidas de correção da carne e a sua opinião sobre a higiene da carne. Para além das declarações fornecidas aos talhantes, foi também pedido aos retalhistas que indicassem a sua opinião sobre a exposição, a armazenagem e a venda de carne, nomeadamente a importância de dispor de áreas separadas para a venda e a transformação, a armazenagem de restos de carne, o impacto da venda de carne higiénica e a situação atual da higiene da carne nas suas lojas.

3.3.2.2 Sensibilização para os perigos para a saúde associados à carne entre os talhantes e retalhistas de carne

Foi operacionalizado como a sensibilização dos talhantes e retalhistas de carne relativamente às doenças zoonóticas, às intoxicações transmitidas pela carne e à transferência de certas doenças através da manipulação dos animais/carne. Foram investigados os seguintes parâmetros: opinião sobre a continuação da produção de carne após a deteção de certas perturbações/doenças, diferentes modos de transmissão de doenças, várias doenças encontradas em animais ou carcaças e condenação de vários órgãos doentes. Foi também estudada a sensibilização para as doenças zoonóticas que podem ser transmitidas pela manipulação da carne.

3.3.2.3 Necessidades de formação sentidas pelos talhantes e retalhistas de carne

Foi operacionalizada como a perceção dos talhantes e retalhistas de carne relativamente à formação necessária para melhorar o seu desempenho profissional em termos de frequência, duração e conteúdo, etc. A opinião específica dos talhantes e retalhistas sobre as áreas preferidas para a formação formal, a duração da formação intuitiva, o local de formação e as despesas incorridas foram estudadas em pormenor. Foi elaborado um calendário para registar as necessidades de formação sentidas pelos talhantes e retalhistas de carne.

3.4 Elaboração do programa final de entrevistas:

3.4.1 Pré-teste do programa de entrevistas

O calendário foi pré-testado antes de ser utilizado para a recolha efectiva de dados. Com base no pré-teste, foram efectuadas as modificações, adições, supressões e alterações necessárias com o comité consultivo para satisfazer os requisitos específicos do estudo.

3.4.2 Calendário final das entrevistas

Foi elaborado com disposições relativas a todas as variáveis pertinentes, tendo em conta os objectivos do inquérito. O calendário era composto pelas três partes seguintes:

Part I: Consistia em dados sociopessoais de talhantes e retalhistas de carne.

Part II: A terceira parte continha a sensibilização para a higiene da carne e os riscos para a saúde associados à carne entre os talhantes e os retalhistas de carne.

Part III: Consistia na perceção das necessidades de formação dos talhantes e retalhistas de carne.

3.5 Recolha de dados

Os dados foram recolhidos pelo investigador na área de estudo com a ajuda de um programa de entrevistas. As respostas obtidas foram registadas e apenas um inquirido foi entrevistado de cada vez, para que os outros não fossem influenciados pela resposta desse inquirido em particular.

3.6 Análise e interpretação dos dados: Os dados foram codificados, classificados, tabulados e analisados utilizando o software Statistical Package for the Social Science (SPSS 16.0). A apresentação dos dados foi feita de forma a dar uma resposta pertinente, válida e fiável aos objectivos específicos. Foram calculadas as frequências, a percentagem, a média e o desvio-padrão para uma interpretação significativa.

CAPÍTULO 4

Este capítulo descreve os resultados obtidos no estudo. Os resultados são descritos tendo em conta os objectivos do inquérito nas rubricas seguintes:

4.1   Perfil sócio-pessoal dos talhantes e retalhistas de carne

4.2   Sensibilização para a higiene da carne entre talhantes e retalhistas de carne

4.3   Sensibilização dos talhantes e retalhistas de carne para os perigos para a saúde associados à carne

4.4   Necessidades de formação sentidas pelos talhantes e retalhistas de carne

4.1   PERFIL SÓCIO-PESSOAL DOS TALHANTES E RETALHISTAS DE CARNE

4.1.1   Idade

Os inquiridos foram divididos em três grupos: jovens (< 30 anos), de meia-idade (30-50 anos) e idosos (> 50 anos). A leitura do quadro 4.1.1 revela que a maioria (63,33%) dos talhantes e retalhistas pertencia ao grupo de meia-idade. No total, 30%, 63,33% e 13,33% dos inquiridos representavam os grupos jovem, médio e idoso, respetivamente (Fig.3).

Quadro 4.1.1: Distribuição dos inquiridos de acordo com a sua idade

Age	Butchers (n=30)	Meat retailers (n=30)	Total (N=60)
Young (< 30 years)	10 (33.30)	08 (26.70)	18 (30.00)
Middle (30-50 years)	18 (60.00)	20 (66.66)	38 (63.33)
Old (> 50 years)	02 (6.70)	06 (20.00)	08 (13.33)

(O valor entre parêntesis indica a percentagem)

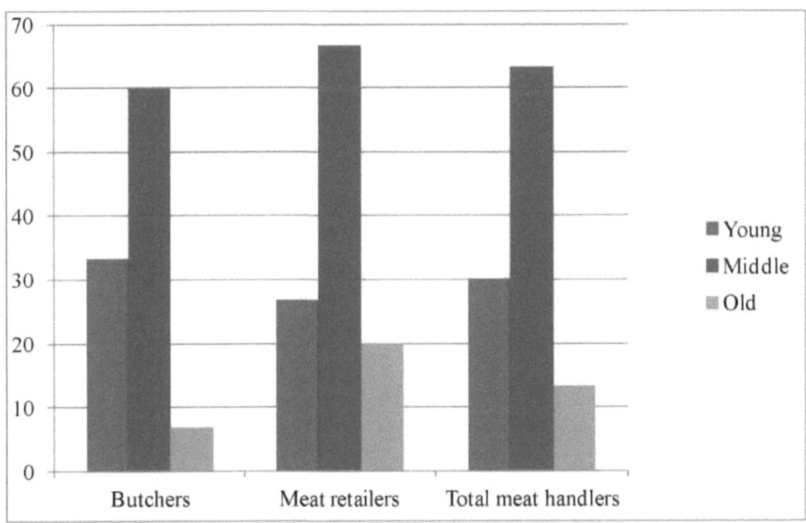

Fig.3: Distribuição dos inquiridos de acordo com a sua idade

4.1.2 Género

A leitura do quadro 4.1.2 indica que cerca de um por cento dos talhantes e retalhistas são do sexo masculino. Este facto indica claramente a predominância do sexo masculino nesta atividade.

Tabela 4.1.2: Distribuição dos inquiridos de acordo com o género

Gender	Butchers (n=30)	Meat retailers (n=30)	Total (N=60)
Male	30 (100.00)	30 (100.00)	60 (100.00)
Female	0 (0.00)	0 (0.00)	0 (0.00)

(Os valores entre parêntesis indicam a percentagem)

4.1.3 Casta

O quadro 4.1.3 mostra que a maioria (31,66%) dos manipuladores de carne pertence à casta geral. O quadro indica ainda que a maioria (36,70% e 33,30%) dos talhantes e retalhistas pertence à casta geral e a outras castas atrasadas, respetivamente. Globalmente, 31,66%, 30%, 10% e 28,33% dos inquiridos pertencem à casta geral, a outras castas atrasadas, à casta de estatuto e à tribo de estatuto, respetivamente (Fig.4).

Quadro 4.1.3: Distribuição dos inquiridos de acordo com a sua casta

Caste	Butchers (n=30)	Meat retailers (n=30)	Total (N=60)
General	11 (36.70)	08 (26.70)	19 (31.66)
OBC	08 (26.70)	10 (33.30)	18 (30.00)
SC	03 (10.00)	03 (10.00)	06 (10.00)
ST	08 (26.70)	09 (30.00)	17 (28.33)

(Os valores entre parêntesis indicam a percentagem)

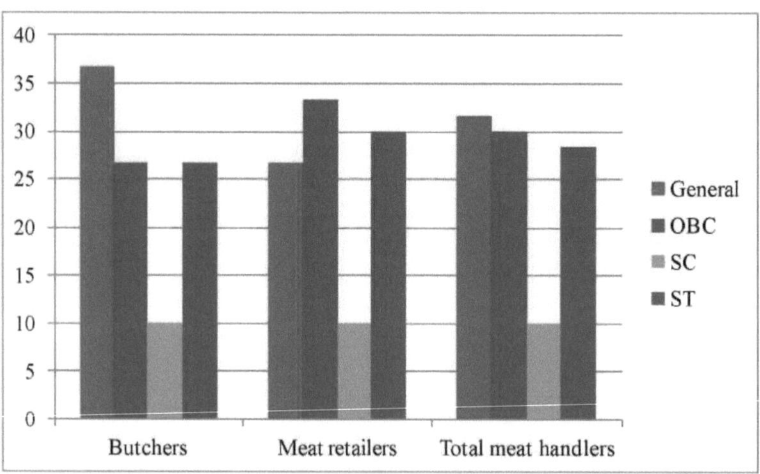

Fig.4: Distribuição dos inquiridos de acordo com a sua casta

4.1.4 Religião

Uma leitura do quadro 4.1.4 mostra que a maioria (66,66%) dos manipuladores de carne no estudo eram muçulmanos.

No total, 10%, 23,33% e 66,66% dos inquiridos eram sikh, hindu e muçulmanos, respetivamente.

Tabela 4.1.4: Distribuição dos inquiridos de acordo com a sua religião

Religion	Butchers (n=30)	Meat retailers (n=30)	Total (N=60)
Sikh	02 (6.70)	04 (13.30)	06 (10.00)
Hindu	08 (26.70)	06 (20.00)	14 (23.33)
Muslim	20 (66.70)	20 (66.70)	40 (66.66)

(Os valores entre parêntesis indicam a percentagem)

4.1.5 Educação

Uma análise do quadro 4.1.5 mostra que a maioria (41,66%) dos inquiridos era analfabeta, enquanto 28,33% tinham educação média e 30% dos inquiridos tinham educação superior. O quadro indica ainda que 50% dos talhantes eram analfabetos, enquanto 40% dos retalhistas tinham o ensino superior (Fig.5).

Quadro 4.1.5: Distribuição dos inquiridos de acordo com as suas habilitações literárias

Education	Butchers (n =30)	Meat retailers (n=30)	Total (N=60)
Low	15 (50.00)	10 (33.30)	25 (41.66)
Medium	09 (30.00)	08 (26.70)	17 (28.33)
High	06 (20.00)	12 (40.00)	18 (30.00)

(Os valores entre parêntesis indicam a percentagem)

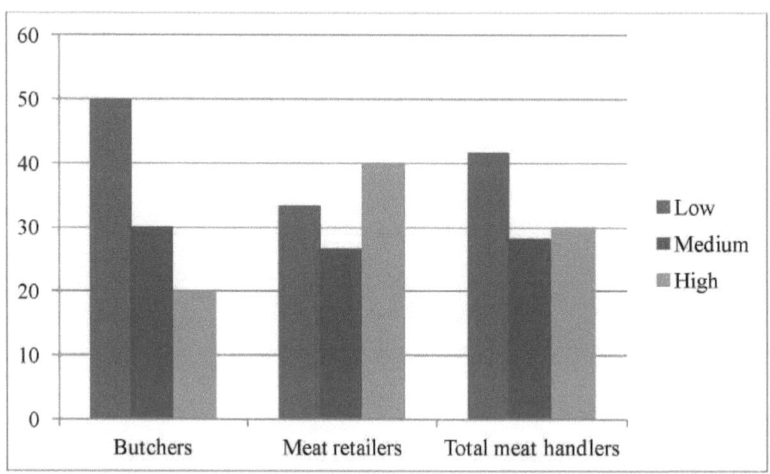

Fig.5: Distribuição dos inquiridos de acordo com as suas habilitações literárias

4.1.6   Profissão principal

A tabela no. 4.1.6 indica claramente que um por cento dos inquiridos tinha como ocupação principal o comércio a retalho de carne.

Quadro 4.1.6: Distribuição dos inquiridos segundo a profissão principal

Occupation	Butchers (n=30)	Meat retailers (n=30)	Total (N=60)
Working as butchers in slaughter houses	0 (0.00)	0 (0.00)	0 (0.00)
Meat retailing	30 (100.00)	30 (100.00)	60 (100.00)
Both	0 (0.00)	0 (0.00)	0 (0.00)

(Os valores entre parêntesis indicam a percentagem)

4.1.7   Ocupação subsidiária

A análise do quadro 4.1.7 mostra que 83,33% dos talhantes e 60% dos retalhistas de carne tinham como ocupação subsidiária o trabalho de talho no matadouro. O quadro mostra igualmente que 71,66% dos manipuladores de carne tinham como ocupação subsidiária o trabalho de talho, enquanto

20% não tinham qualquer ocupação subsidiária. A comercialização de animais de carne e a cozinha eram ocupações subsidiárias de 3,30% dos talhantes, respetivamente, enquanto a comercialização de animais de carne era ocupação subsidiária de 10% dos retalhistas de carne.

Quadro 4.1.7: Distribuição dos inquiridos de acordo com a ocupação subsidiária*

Subsidiary Occupation	Butchers (n=30)	Meat retailers (n=30)	Total (N=60)
Working as butchers in	25	18	43
slaughter houses	(83.30)	(60.00)	(71.66)
Meat retailing	0 (0.00)	0 (0.00)	0 (0.00)
Marketing of meat animals	01 (3.30)	03 (10.00)	04 (6.66)
Cooking	01 (3.30)	0 (0.00)	01 (1.66)
No subsidiary occupation	03 (10.00)	09 (30.00)	12 (20.00)

(Os valores entre parêntesis indicam a percentagem)

* Respostas múltiplas

4.1.8   : Rendimento familiar mensal bruto

Um exame minucioso do quadro 4.1.8 indica que a maioria dos inquiridos (78,33%) pertencia a uma família com rendimentos médios, enquanto 1,66%, 18,33% e 1,66% pertenciam a famílias com rendimentos muito baixos, baixos e muito altos, respetivamente. Uma análise mais aprofundada do quadro 4.1.8 revela que 70% dos talhantes e 86,70% dos retalhistas de carne pertenciam a famílias de rendimento médio (Fig. 6).

Quadro 4.1.8: Distribuição dos inquiridos de acordo com o rendimento familiar mensal bruto

Gross monthly family income	Butchers (n=30)	Meat retailers (n=30)	Total (N=60)
Very low (< Rs.10,000)	0 (0.00)	01 (3.30)	01 (1.66)
Low (Rs. 10,000-15,000)	09 (30.00)	02 (6.70)	11 (18.33)
Medium (RS. 15000-20000)	21 (70.00)	26 (86.70)	47 (78.33)
High (>Rs.20000)	0 (0.00)	01 (3.30)	01 (1.66)

(Os valores entre parêntesis indicam a percentagem)

Fig.6: Distribuição dos inquiridos de acordo com o rendimento familiar mensal bruto

4.1.9   : Rendimento mensal bruto do comércio açougueiro e/ou retalhista de carne

A leitura do quadro 4.1.9 mostra que a maioria dos inquiridos (63,33%) auferia um rendimento médio de 15 000 a 20 000 rupias por mês, enquanto 33,33% ganhavam entre 10 000 e 15 000 rupias e 1,66% ganhavam menos de 10 000 rupias com a profissão de talhante e retalhista de carne. Apenas 3,30% dos retalhistas de carne conseguiram ganhar mais de 20 000 rupias por mês com a sua profissão (Fig.7).

Quadro 4.1.9: Distribuição dos inquiridos de acordo com o rendimento mensal proveniente do talho e/ou da venda a retalho de carne

Income from butchering and meat retailing	Butchers (n=30)	Meat retailers (n=30)	Total (N=60)
Very low (< Rs.10000)	01 (3.30)	0 (0.00)	01 (1.66)
Low (Rs10000-15000)	9 (30.00)	11 (36.70)	20 (33.33)
Medium (Rs. 15000-20000)	20 (66.70)	18 (60.00)	38 (63.33)
High (> Rs20000)	0 (0.00)	01 (3.30)	01 (1.66)

(Os valores entre parêntesis indicam a percentagem)

Fig.7: Distribuição dos inquiridos de acordo com o rendimento mensal proveniente do talho e/ou da venda a retalho de carne

4.1.10 Experiência (em anos completos)

A experiência desempenha um papel vital no desempenho eficaz do trabalho. Uma análise do quadro 4.1.10 revela que uma parte significativa dos inquiridos (56,66%) tinha entre 5 e 15 anos de experiência, enquanto 20,00% tinham menos de cinco anos de experiência e apenas 23,33% dos inquiridos tinham mais de quinze anos de experiência em talho e venda a retalho de carne. Uma investigação mais aprofundada revela que 66,70% dos talhantes e 46,70% dos retalhistas de carne, respetivamente, tinham 5 a 15 anos de experiência (Fig.8).

Quadro 4.1.10: Distribuição dos inquiridos de acordo com a sua experiência em talho e venda a retalho de carne

Experiences in years	Butchers (n=30)	Meat retailers (n=30)	Total (N=60)
< 5yeras	04 (13.30)	08 (26.70)	12 (20.00)
5-15years	20 (66.70)	14 (46.70)	34 (56.66)
> 15years	06 (20.0)	08 (26.7)	14 (23.33)

(Os valores entre parêntesis indicam a percentagem)

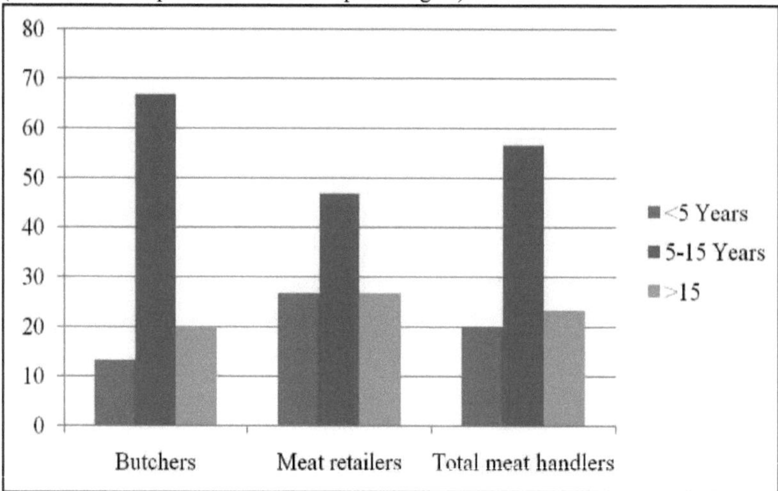

Fig.8: Distribuição dos inquiridos de acordo com a sua experiência em talho e venda a retalho de carne

4.1.11 Carga de trabalho (em horas/dia)

Uma análise do quadro 4.1.11 mostra que a maioria dos inquiridos (56,66%) tinha uma carga de trabalho média (6 a 10 horas), enquanto 11,66% tinham uma carga de trabalho baixa (menos de 6 horas) e 31,66% tinham uma carga de trabalho elevada (mais de 10 horas). Também a análise da tabela mostra que 63,30% dos talhantes e 50% dos retalhistas tinham uma carga de trabalho média. Observou-se durante este estudo que o trabalho de talho era mais intensivo em termos de mão de obra, enquanto o trabalho de retalho de carne era orientado para as competências (Fig.9).

Quadro 4.1.11: Distribuição dos inquiridos de acordo com o seu volume de trabalho

Workload	Butchers (n=30)	Meat retailers (n=30)	Total (N=60)
Low (< 6 hrs)	04 (13.30)	03 (10.00)	07 (11.66)
Medium (6 to 10 hrs.)	19 (63.30)	15 (50.00)	34 (56.66)
High (> 10 hrs.).	07 (23.30)	12 (40.00)	19 (31.66)

(Os valores entre parêntesis indicam a percentagem)

Fig.9: Distribuição dos inquiridos de acordo com o seu volume de trabalho

4.1.12 Licença

A licença foi emitida pela cooperação municipal de Jammu tanto para os talhantes como para os retalhistas. Durante o estudo, observou-se que a maioria dos inquiridos (96,66%) tem uma licença válida e 3,30% dos inquiridos não têm uma licença válida. Além disso, verificou-se que um por cento dos retalhistas de carne e 93,30% dos talhantes tinham licença para a venda de carne a retalho e para o abate.

Quadro 4.1.12: Distribuição dos inquiridos de acordo com a disponibilidade de licenças

License	Butchers (n=30)	Meat retailers (n=30)	Total (N=60)
With valid license	02 (6.70)	0 (0.00)	02 (3.30)
Without valid license	28 (93.30)	30 (100.00)	58 (96.66)

(Os valores entre parêntesis indicam a percentagem)

4.1.13 Formação

Uma análise da tabela 4.1.13 mostra que nenhum dos inquiridos recebeu alguma vez formação formal em qualquer instituição. A maioria dos inquiridos (86,66%) declarou ter recebido formação informal através de membros da família e 13,33% de um colega sobre corte e manuseamento de carne. Uma análise mais aprofundada da tabela revela que 83,30% dos talhantes e 90% dos retalhistas de carne foram formados por familiares, enquanto 16,70% dos talhantes e 10% dos retalhistas de carne foram formados por colegas (Fig.10).

Quadro 4.1.13: Distribuição dos inquiridos de acordo com a formação recebida em corte e manuseamento de carne

Training	Butchers (n=30)	Meat retailers (n=30)	Total (N=60)
By colleague	05 (16.70)	03 (10.00)	08 (13.33)
By family members	25 (83.30)	27 (90.00)	52 (86.66)
Trained at institution	0 (0.00)	0 (0.00)	0 (0.00)

(Os valores entre parêntesis indicam a percentagem)

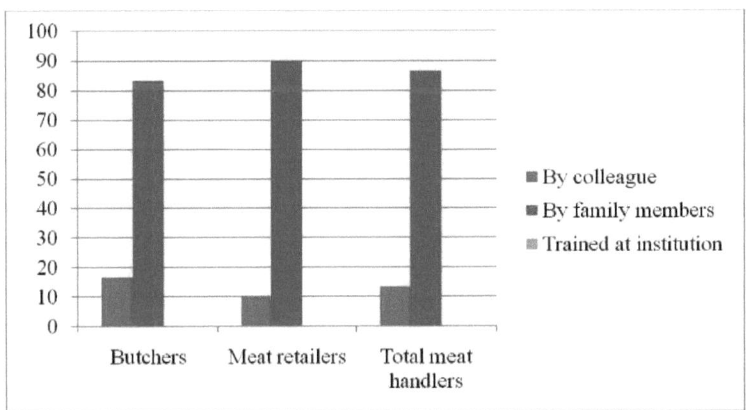

Fig.10: Distribuição dos inquiridos de acordo com a formação recebida em corte e manuseamento de carne

4.2 SENSIBILIZAÇÃO PARA A HIGIENE DA CARNE ENTRE TALHANTES E RETALHISTAS DE CARNE

4.2.1 Sensibilização para a importância da higiene pessoal

Os manipuladores de carne não mantêm um grau adequado de limpeza pessoal. As pessoas que têm certas doenças ou que se comportam de forma inadequada podem contaminar a carne e transmitir doenças aos consumidores. Além disso, a higiene pessoal é uma componente importante da higiene da carne. Uma leitura do quadro 4.2.1 mostra que a importância da higiene pessoal foi sentida por 76,66% dos inquiridos. O desconhecimento deste facto significa a necessidade de os educar para a importância da higiene pessoal (Fig.11).

Tabela 4.2.1: Distribuição dos inquiridos de acordo com a sua resposta à afirmação 1: A higiene pessoal é importante

Statement-1	Butchers (n=30)	Meat retailers (n=30)	Total (N=60)
Agree	24 (80.00)	22 (73.30)	46 (76.66)
Disagree	04 (13.30)	03 (10.00)	07 (11.66)
Do not know	02 (6.70)	05 (16.7)	07 (11.66)

(Os valores entre parêntesis indicam a percentagem)

Fig.11: Distribuição dos inquiridos de acordo com a sua resposta à afirmação 1: A higiene pessoal é importante

4.2.2   Sensibilização para a importância da saúde pública

O quadro 4.2.2 revela que a maioria (46,66%) dos manipuladores de carne concorda com a importância do seu trabalho/negócio para a saúde pública, enquanto 38,33% discordam da sua importância e 15% dos manipuladores de carne não sabem. Uma análise mais aprofundada do quadro mostra que 50% dos talhantes concordaram com a importância da saúde pública, o que evidencia a sua maior sensibilização em comparação com os retalhistas (Fig. 12).

Tabela 4.2.2: Distribuição dos inquiridos de acordo com a sua resposta à afirmação 2: Este trabalho tem importância para a saúde pública

Statement-2	Butchers (n=30)	Meat retailers (n=30)	Total (N=60)
Agree	15 (50.00)	13 (43.30)	28 (46.66)
Disagree	11 (36.70)	12 (40.0)	23 (38.33)
Do not know	04 (13.30)	05 (16.70)	09 (15.00)

(Os valores entre parêntesis indicam a percentagem)

Fig.12: Distribuição dos inquiridos de acordo com a sua resposta à afirmação 2: Este trabalho tem importância para a saúde pública
6.2.3 Sensibilização para a importância da lavagem das mãos

Bons hábitos pessoais, como lavar as mãos corretamente com água e sabão antes e depois de manusear a carne, são importantes para a higiene da carne. A Tabela 4.2.3 mostra que a maioria (56,66%) dos inquiridos concordou que a lavagem das mãos é importante. Durante o curso do estudo, observou-se que não havia instalações adequadas para a lavagem das mãos tanto nos matadouros como nas lojas de carne a retalho (Fig. 13).

Tabela 4.2.3: Distribuição dos inquiridos de acordo com a sua resposta à afirmação 3: A lavagem das mãos é importante

Statement-3	Butchers (n=30)	Meat retailers (n=30)	Total (N=60)
Agree	21 (70.00)	13 (43.30)	34 (56.66)
Disagree	06 (20.00)	05 (16.70)	11 (18.33)
Do not know	03 (10.00)	12 (40.00)	15 (25.00)

(Os valores entre parêntesis indicam a percentagem)

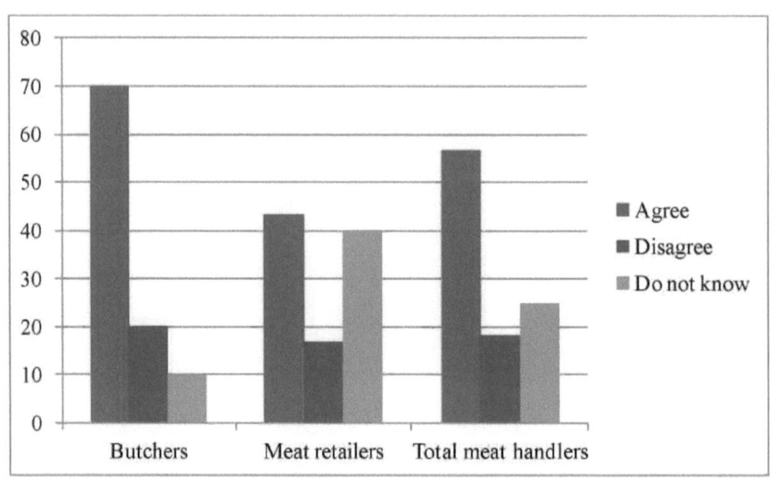

Fig.13: Distribuição dos inquiridos de acordo com a sua resposta à afirmação 3: A lavagem das mãos é importante

4.2.4 Sensibilização para a contaminação cruzada

A contaminação cruzada de uma carcaça para outra carcaça é possível quando as carcaças são empilhadas mais apertadas durante a armazenagem, o transporte ou a venda. A maioria dos manipuladores de carne (46,66%) discordou deste facto e apenas 30% concordaram. Este desconhecimento pode ser a razão provável para a continuação do mau manuseamento das carcaças (Fig.14).

Tabela 4.2.4: Distribuição dos inquiridos de acordo com a sua resposta à afirmação 4: A contaminação cruzada pode ocorrer de uma carcaça para outra

Statement-4	Butchers (n=30)	Meat retailers (n=30)	Total (N=60)
Agree	11 (36.70)	07 (23.30)	18 (30.00)
Disagree	15 (50.00)	13 (43.30)	28 (46.66)
Do not know	04 (13.30)	10 (33.30)	14 (23.33)

(Os valores entre parêntesis indicam a percentagem)

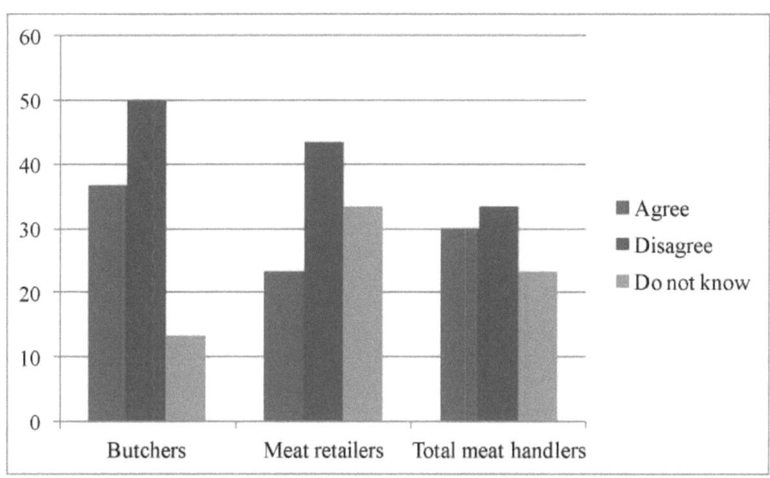

Fig.14: Distribuição dos inquiridos de acordo com a sua resposta à afirmação 4: A contaminação cruzada pode ocorrer de uma carcaça para outra

4.2.5 Sensibilização para o impacto ambiental na higiene/qualidade da carne

O ambiente é a soma total de todas as condições e influências externas que afectam a vida e o desenvolvimento de qualquer ser vivo. Um bom ambiente facilita as boas práticas de trabalho. O quadro 4.2.5 revela que a importância do ambiente e do seu impacto na higiene/qualidade da carne foi sentida por 38,33%, enquanto 18,33% dos inquiridos discordaram da sua importância e 43,33% não sabem (Fig.15).

Table 4.2.5: Distribuição dos inquiridos de acordo com a sua resposta à afirmação 5: O ambiente tem impacto na higiene/qualidade da carne

Statement-5	Butchers (n=30)	Meat retailers (n=30)	Total (N=60)
Agree	13 (43.30)	10 (33.30)	23 (38.33)
Disagree	03 (10.00)	08 (26.66)	11 (18.33)
Do not know	14 (46.70)	12 (40.00)	26 (43.33)

(Os valores entre parêntesis indicam a percentagem)

Fig.15: **Distribuição dos inquiridos de acordo com a sua resposta à afirmação 5: O ambiente tem impacto na higiene/qualidade da carne**

4.2.6 Sensibilização para a presença de microrganismos na carne

A carne é um produto alimentar perecível e devem ser tomadas todas as precauções para a salvaguardar desde a sangria dos animais para abate até ao consumo final. Embora o tecido muscular de um animal vivo esteja, na maioria dos casos, isento de microrganismos, se não forem tomadas as devidas precauções, é contaminado pela superfície do corpo e pela contaminação dos órgãos viscerais durante as operações de abate e preparação. Os resultados do quadro 4.2.6 indicam que apenas 26,66 dos inquiridos concordaram, ao passo que 40,00% dos manipuladores de carne discordaram e 33,00% dos inquiridos não tinham conhecimento do crescimento de microrganismos na carne se esta não for corretamente manipulada. Considerou-se que os manipuladores de carne deveriam receber formação neste sentido para melhorar o estado higiénico da carne (Fig.16).

Table 4.2.6: **Distribuição dos inquiridos de acordo com a sua resposta à afirmação 6: A carne pode transportar microrganismos**

Statement-6	Butchers (n=30)	Meat retailers (n=30)	Total (N=60)
Agree	11 (36.70)	05 (16.70)	16 (26.66)
Disagree	10 (33.30)	14 (46.70)	24 (40.00)
Do not know	09 (30.00)	11 (36.70)	20 (33.33)

(Os valores entre parêntesis indicam a percentagem)

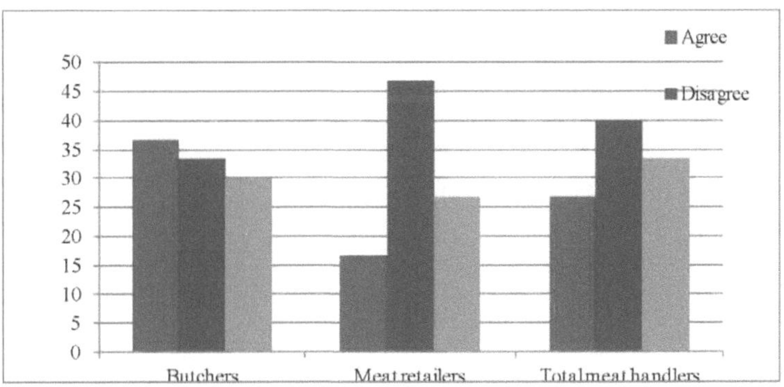

Fig.16: Distribuição dos inquiridos de acordo com a sua resposta à afirmação 6: A carne pode transportar microrganismos

4.2.7 Conhecimento da presença de agentes patogénicos e do seu crescimento na carne

A atividade microbiana desempenha um papel importante na deterioração e deterioração da carne e a segurança da carne fica comprometida. As bactérias multiplicam-se rapidamente entre 40^0 F e 140^0 F. É evidente na tabela 4.2.7 que apenas 20% dos inquiridos concordaram, enquanto 40% dos inquiridos não tinham conhecimento da presença de agentes patogénicos e do seu crescimento na carne (Fig.17).

Table 4.2.7: Distribuição dos inquiridos de acordo com a sua resposta à afirmação 7: A carne permite a sobrevivência/multiplicação de agentes patogénicos/formação de toxinas

Statement-7	Butchers (n=30)	Meat retailers (n=30)	Total (N=60)
Agree	09 (30.00)	03 (10.00)	12 (20.00)
Disagree	12 (40.00)	12 (40.00)	24 (40.00)
Do not know	09 (30.00)	15 (50.00)	24 (40.00)

(Os valores entre parêntesis indicam a percentagem)

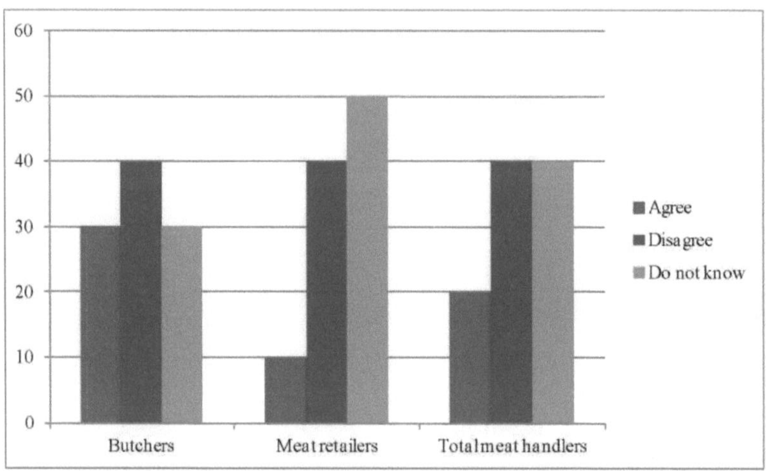

Fig.17: Distribuição dos inquiridos de acordo com a sua resposta à afirmação 7: A carne permite a sobrevivência/multiplicação de agentes patogénicos/formação de toxinas

4.2.8 Sensibilização para a importância da inspeção da carne

Muitas doenças e condições anormais podem ser identificadas durante a inspeção da carne, pelo que a inspeção da carne por veterinários/inspectores de carne é obrigatória. É óbvio a partir da tabela que a maioria dos inquiridos (43,33%) discordou, enquanto apenas 38,33% dos inquiridos concordaram. A opinião negativa sobre a inspeção da carne deve ser alterada através de uma educação adequada (Fig.18).

Table 4.2.8:   Distribuição dos inquiridos de acordo com a sua resposta à afirmação 8: A inspeção da carne por inspectores de carne/veterinários é importante

Statement-8	Butchers (n=30)	Meat retailers (n=30)	Total (N=60)
Agree	14 (46.70)	09 (30.00)	23 (38.33)
Disagree	14 (46.70)	12 (40.00)	26 (43.33)
Do not know	02 (6.70)	09 (30.00)	11 (18.33)

(Os valores entre parêntesis indicam a percentagem)

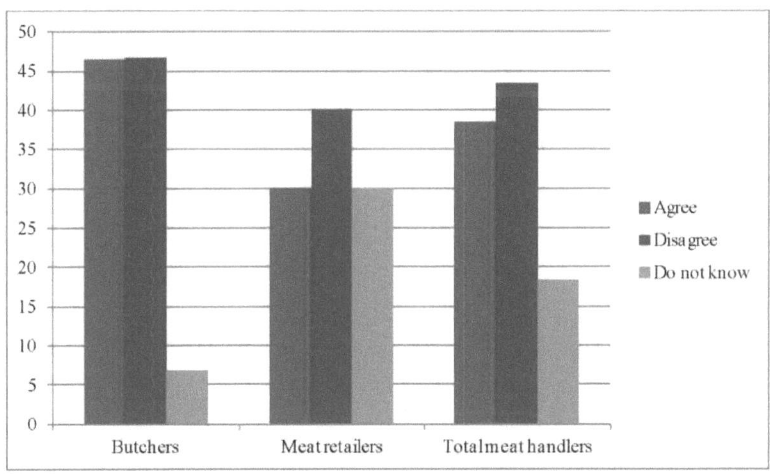

Fig.18: Distribuição dos inquiridos de acordo com a sua resposta à afirmação 8: A inspeção da carne pelos inspectores/veterinários é importante

4.2.9 Sensibilização para o risco de produzir carne não segura e não higiénica

Devem ser sempre tomadas as devidas precauções para minimizar o risco de produzir carne não segura e não higiénica, adoptando boas práticas de produção. A Tabela 4.2.9 revela que a maioria (41,66%) dos inquiridos não tinha conhecimento e apenas 36,66% dos inquiridos concordaram (Fig.19).

Table 4.2.9: Distribuição dos inquiridos de acordo com a sua resposta à afirmação 9: Devem ser tomadas medidas para minimizar o risco de produção de carne não segura e não higiénica

Statement-9	Butchers (n=30)	Meat retailers (n=30)	Total (N=60)
Agree	13 (43.30)	09 (30.00)	22 (36.66)
Disagree	08 (26.70)	05 (16.70)	13 (21.66)
Do not know	09 (30.00)	16 (53.30)	25 (41.66)

(Os valores entre parêntesis indicam a percentagem)

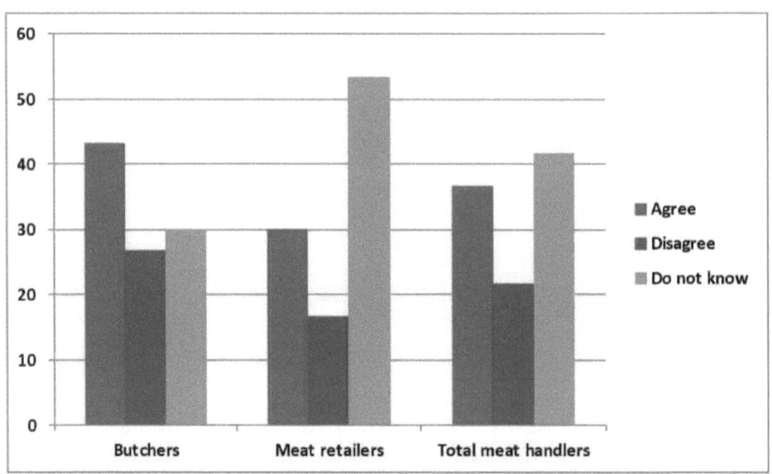

Fig.19: Distribuição dos inquiridos de acordo com a sua resposta à afirmação 9: Devem ser tomadas medidas para minimizar o risco de produzir carne não segura e não higiénica

4.2.10   Sensibilização para as medidas correctivas

O quadro 4.2.10 mostra que a maioria dos manipuladores de carne (50%) concordou que não é correto vender carne quando é detectada uma anomalia grosseira. Nestas condições, as medidas correctivas em relação a uma anomalia da carcaça ou da carne podem ser a condenação total da carcaça ou de um órgão infetado ou a venda com a instrução de que a carne deve ser adequadamente cozinhada antes de ser consumida (Fig. 20).

Table 4.2.10:   Distribuição dos inquiridos de acordo com a sua resposta à afirmação 10: Devem ser tomadas medidas correctivas quando se nota algo de anormal na carne

Statement-10	Butchers (n=30)	Meat retailers (n=30)	Total (N=60)
Agree	12 (40.00)	18 (60.00)	30 (50.00)
Disagree	08 (26.70)	04 (13.30)	12 (20.00)
Do not know	10 (33.30)	08 (26.70)	18 (30.00)

(Os valores entre parêntesis indicam a percentagem)

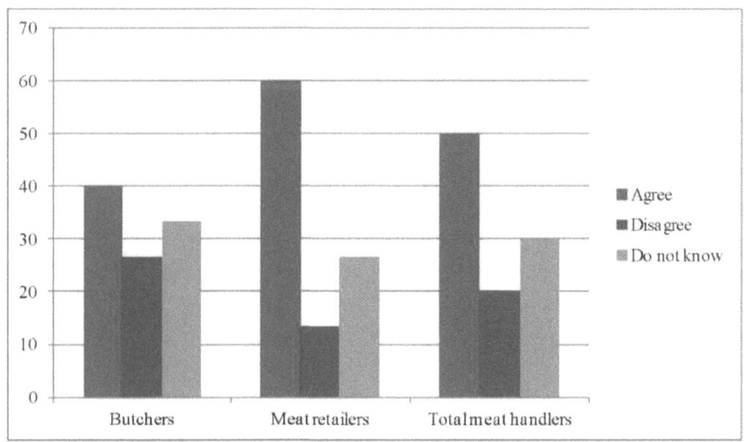

Fig.20: Distribuição dos inquiridos de acordo com a sua resposta à afirmação 10: Devem ser tomadas medidas correctivas quando se nota algo de anormal na carne

1.2.11 Sensibilização para a contaminação cruzada através das mãos

O abate, a preparação, o manuseamento e a inspeção deficiente da carne apresentam muitas oportunidades de contaminação cruzada. Está estabelecido que mãos sujas podem levar a uma contaminação cruzada indevida que pode causar doenças transmitidas pela carne. Um olhar sobre o quadro 4.2.11 revela que a maioria dos manipuladores de carne (40,00%) concordou que as mãos podem ser o maior risco de contaminação cruzada (Fig.21).

Table 4.2.11: Distribuição dos inquiridos de acordo com a sua resposta à afirmação 11: As mãos são um grande risco de contaminação cruzada

Statement-11	Butchers (n=30)	Meat retailers (n=30)	Total (N=60)
Agree	13 (43.30)	11 (36.70)	24 (40.00)
Disagree	09 (30.00)	10 (33.30)	19 (31.66)
Do not know	08 (26.70)	09 (30.00)	17 (28.33)

(Os valores entre parêntesis indicam a percentagem)

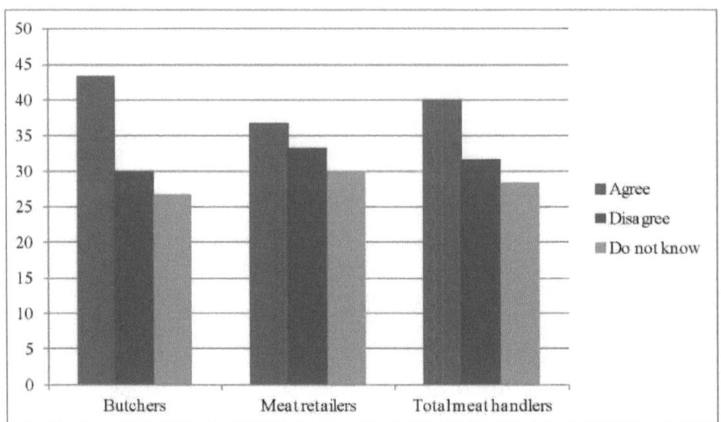

Fig.21: Distribuição dos inquiridos de acordo com a sua resposta à afirmação 11: As mãos são um grande risco de contaminação cruzada

4.2.12 Consciência do tempo necessário para a produção de carne higiénica

A produção de carne saudável que seja segura e adequada para consumo humano exige que se preste uma atenção pormenorizada aos diferentes aspectos do abate e preparação dos animais, bem como ao transporte, exposição e venda da carne. O quadro 4.2.12 indica que 40% dos inquiridos expressaram que a produção de carne higiénica levaria muito tempo; enquanto que a maioria dos retalhistas de carne (50%) declarou que não sabe quanto tempo levará a produção de carne higiénica. As práticas de manuseamento de carne com mão de obra intensiva podem ser a razão por detrás disso (Fig.22).

Table 4.2.12: Distribuição dos inquiridos de acordo com a sua resposta à afirmação 12: A produção de carne higiénica demora muito tempo

Statement-12	Butchers (n=30)	Meat retailers (n=30)	Total (N=60)
Agree	13 (43.30)	11 (36.70)	24 (40.00)
Disagree	11 (36.70)	04 (13.30)	15 (25.00)
Do not know	06 (20.00)	15 (50.00)	21 (35.00)

(Os valores entre parêntesis indicam a percentagem)

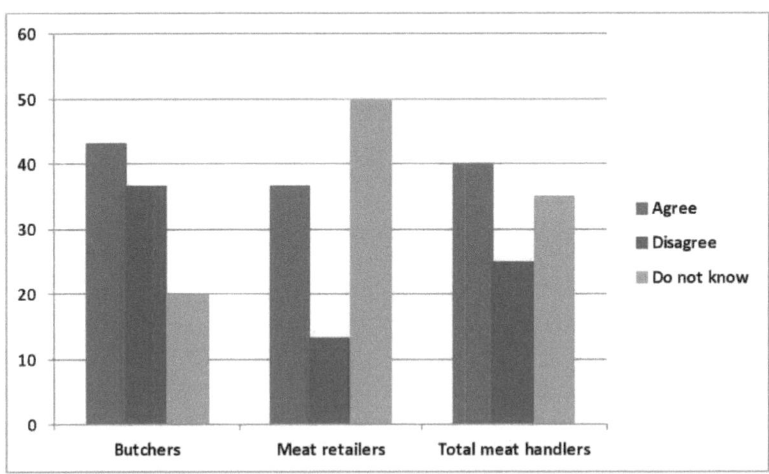

Fig.22: Distribuição dos inquiridos de acordo com a sua resposta à afirmação 12: A produção de carne higiénica demora muito tempo

4.2.13 Consciência sobre a aplicação das práticas de higiene da carne na situação atual

A leitura do quadro 4.2.13 indica claramente que a maioria (50,00%) dos inquiridos concordou que a situação atual não era adequada para aplicar as práticas de higiene da carne, enquanto apenas 21,66% dos inquiridos referiram que não era difícil aplicar as práticas de higiene da carne nas condições actuais (Fig. 23).

Quadro 4.2.13: Distribuição dos inquiridos de acordo com a sua resposta à afirmação 13: É difícil aplicar as práticas de higiene da carne na situação atual

Statement-13	Butchers (n=30)	Meat retailers (n=30)	Total (N=60)
Agree	13 (43.30)	17 (56.70)	30 (50.00)
Disagree	09 (30.00)	04 (13.30)	13 (21.66)
Do not know	08 (26.70)	09 (30.00)	17 (28.33)

(Os valores entre parêntesis indicam a percentagem)

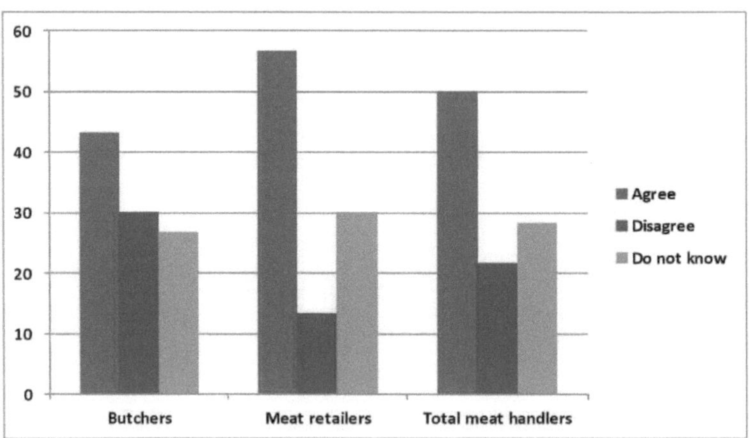

Fig.23: **Distribuição dos inquiridos de acordo com a sua resposta à afirmação 13: É difícil aplicar as práticas de higiene da carne na situação atual**

4.2.14 Parecer dos retalhistas sobre a exposição, armazenagem e venda de carne

A exposição, a armazenagem e a venda de carcaças/carne devem ser perfeitas do ponto de vista higiénico. A análise do quadro 4.2.14 revela que a maioria dos retalhistas de carne (73,30%) concordou em manter áreas separadas para a venda e para a produção de carne, ao passo que (70%) concordou em armazenar os restos de carne em congeladores ou frigoríficos. Uma proporção esmagadora (73,30%) dos manipuladores de carne concordou que a manutenção da higiene no abate, preparação e exposição da carcaça ajudaria a atrair mais clientes. O quadro 4.2.14 mostra também claramente que uma proporção considerável (60%) concordou que as disposições e a manutenção necessárias para uma carne higiénica não afectariam a sua atividade. Verificou-se ainda que 36,70% dos retalhistas de carne concordavam que havia possibilidades de melhorar o estado de higiene da carne nas suas lojas.

Quadro 4.2.14: Distribuição dos inquiridos segundo a sua opinião sobre a exposição, a armazenagem e a venda de carne.

Statements	Meat retailers (N=30)		
	Opinion	Frequency	Percent
Having separate areas for sale and meat processing is important.	Do not know	03	10.00
	Disagree	05	16.70
	Agree	22	73.30

Leftover meat should be stored properly in ice boxes or refrigerator	Do not know	04	13.30
	Disagree	05	16.70
	Agree	21	70.00
Sale of hygienic meat will enable the business to win more consumers	Do not know	05	16.70
	Disagree	03	10.00
	Agree	22	73.30
Maintaince of meat hygiene has little impact on daily running of business	Do not know	04	13.30
	Disagree	08	26.70
	Agree	18	60.00
Status of meat hygiene at your shop can be better than now	Do not know	16	53.30
	Disagree	03	10.00
	Agree	11	36.70

4.3 SENSIBILIZAÇÃO DOS TALHANTES E RETALHISTAS DE CARNE PARA OS PERIGOS PARA A SAÚDE ASSOCIADOS À CARNE

4.3.1 Sensibilização para os diferentes modos de transmissão de doenças

As doenças transmissíveis podem propagar-se através de vários modos e a sensibilização para esses modos é um pré-requisito para evitar a propagação dessas doenças. Como se pode ver no quadro 4.3.1, a maioria dos inquiridos (86,66%) sabe que o contacto com uma pessoa infetada é o modo de propagação da doença

enquanto que a transmissão de doenças através da manipulação e consumo de carne era conhecida por 46,66% e 31,66% dos manipuladores de carne, respetivamente (Fig.24).

Table 4.3.1: Distribuição dos inquiridos de acordo com o seu conhecimento sobre os diferentes modos de transmissão de doenças

Mode	Butchers (n=30)	Meat retailers (n=30)	Total (N=60)
Contact with infected person	26 (86.70)	26 (86.70)	52 (86.66)

Drinking water	20 (66.70)	21 (70.00)	41 (68.33)
Food	13 (43.30)	11 (36.70)	24 (40.00)
Meat handling	17 (56.70)	11 (36.70)	28 (46.66)
Meat consumption	12 (40.00)	07 (23.30)	19 (31.66)
Inhalation	06 (20.00)	04 (13.30)	10 (16.66)

(Os valores entre parêntesis indicam a percentagem)

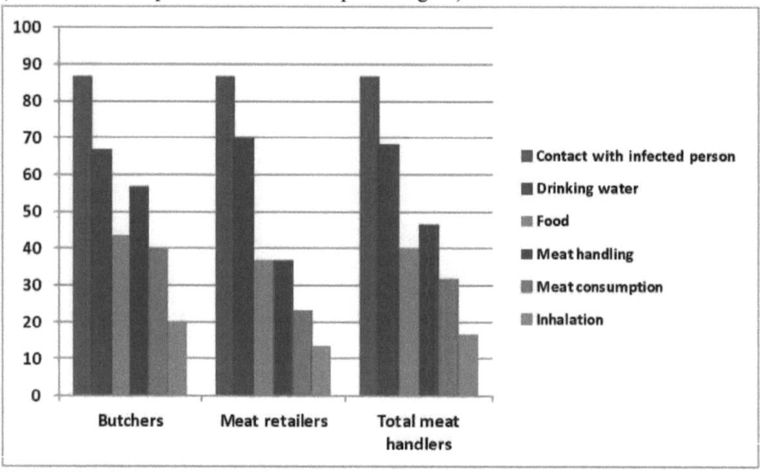

Fig.24: Distribuição dos inquiridos de acordo com o seu conhecimento sobre os diferentes modos de transmissão de doenças

4.3.2   Sensibilização para as doenças animais de carácter zoonótico

As doenças zoonóticas constituem um grupo único de doenças infecciosas que afectam tanto o homem como os animais. O comité conjunto de peritos da OMS e da FAO (1959) definiu as zoonoses como as doenças que são naturalmente transmitidas entre os animais vertebrados e o homem. Como é evidente na tabela 4.3.2, a maioria dos inquiridos (90%) tinha conhecimento da gripe das aves, enquanto a raiva, a tuberculose e o tétano eram conhecidos por 70%, 61,66% e 43,33%, respetivamente. Além disso, o resultado indica que a brucelose (10%), o carbúnculo (20%), a salmonelose (16,66%), a teníase (15%) e a fasciolose (26,66%) eram algumas das doenças com comparativamente menos conhecimento entre os manipuladores de carne. Nenhum dos manipuladores de carne tinha conhecimento da leptospirose e da campilobacteriose (Fig.25).

Table 4.3.2: **Distribuição dos inquiridos de acordo com o seu conhecimento sobre doenças animais de importância zoonótica**

Disease	Butchers (n=30)	Meat retailers (n=30)	Total (N=60)
Bird flu	28 (93.30)	26 (86.70)	54 (90.00)
Rabies	15 (50.00)	17 (56.70)	42 (70.00)
Brucellosis	03 (10.00)	02 (6.70)	05 (8.33)
Tuberculosis	18 (60.00)	19 (63.30)	37 (61.66)
Anthrax	02 (6.70)	03 (10.00)	05 (8.33)
Tetanus	11 (36.70)	09 (30.00)	20 (33.33)
Salmonellosis	03 (10.00)	04 (13.30)	07 (11.66)
Taeniasis/cysticercosis	03 (10.00)	05 (16.70)	08 (13.33)
Fasciolosis	04 (13.30)	04 (13.30)	08 (13.33)
Campylobacteriosis	0 (0.00)	0 (0.00)	0 (0.00)
Leptospirosis	0 (0.00)	0 (0.00)	0 (0.00)

(Os valores entre parêntesis indicam a percentagem)
* Respostas múltiplas

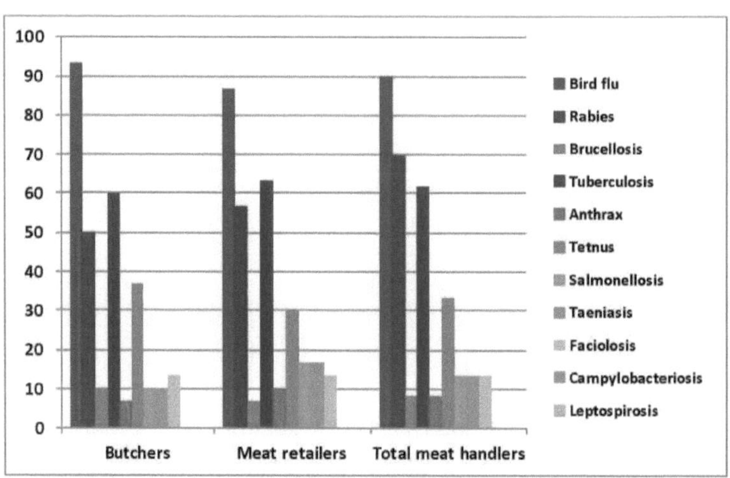

Fig.25: Distribuição dos inquiridos de acordo com o seu conhecimento sobre doenças animais de importância zoonótica

4.3.3 Sensibilização para a transmissão de certas doenças dos animais/manipulação da carne

Os manipuladores de carne constituem um grupo único de indivíduos com imensa importância para a saúde pública, porque podem não só contrair as doenças dos animais/carne, mas também transmiti-las através de uma manipulação incorrecta da carne. Como é evidente no quadro 4.3.3, proporções significativas de manipuladores de carne (78,33%) sabiam que a gripe das aves podia ser transmitida através da manipulação de aves infectadas, ao passo que a tuberculose (43,33%), o tétano (25,00%) e a fasciolose (25,00%) são outras doenças que os manipuladores de carne sabiam que podiam ser transmitidas através da manipulação de animais/carne (Fig. 26).

Table 4.3.3: **Distribuição dos inquiridos de acordo com o seu conhecimento sobre a transferência de certas doenças dos animais/manipulação da carne***

Disease	Butchers (n=30)	Meat retailers (n=30)	Total (N=60)
Bird flu	26 (86.70)	21 (70.0)	47 (78.33)
Rabies	08 (26.70)	06 (20.00)	14 (23.33)

Brucellosis	02 (6.70)	0 (0.00)	02 (3.33)
Tuberculosis	13 (43.30)	13 (43.30)	26 (43.33)
Anthrax	04 (13.30)	02 (6.70)	06 (10.00)
Tetanus	03 (10.00)	08 (26.70)	11 (18.33)
Salmonellosis	04 (13.30)	01 (3.30)	05 (8.33)
Taeniasis/cysticercosis	03 (10.00)	01 (3.30)	04 (6.66)
Fasciolosis	04 (13.3)	03 (10.0)	07 (11.66)
Campylobacteriosis	0 (0.00)	0 (0.00)	0 (0.00)
Leptospirosis	0 (0.00)	0 (0.00)	0 (0.00)

(Os valores entre parêntesis indicam a percentagem)
* Respostas múltiplas

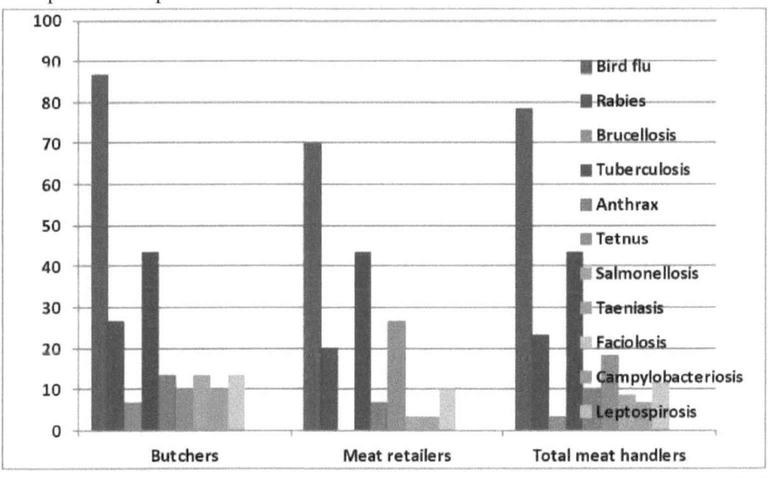

Fig. 26: Distribuição dos inquiridos de acordo com o seu conhecimento sobre a transferência de certas doenças dos animais/manipulação da carne

4.3.4 Opinião sobre a continuação das operações de produção de carne pelos manipuladores de carne depois de se depararem com certas perturbações/doenças

Uma análise do quadro 4.3.4 mostra que um cêntimo dos manipuladores de carne considerava que a iterícia e a lepra eram doenças em que não se devia trabalhar, ao passo que 88,33%, 60%, 41,66%, 51,66% e 68,33% dos manipuladores de carne achavam que deviam continuar o seu trabalho quando se deparavam com desordens ou doenças correspondentes, como corrimento ocular, auditivo ou nasal, amigdalite, conjuntivite, eczema e diarreia, respetivamente. No decurso do estudo, observou-se que os manipuladores de carne davam mais importância à aptidão física para continuar a atividade de produção de carne do que à transmissão de doenças, quando solicitavam a sua opinião.

Table 4.3.4:   Distribuição dos inquiridos de acordo com a sua opinião sobre a continuação das operações de produção de carne após o aparecimento de certas perturbações/doenças

Disordered/Disease	Opinion	Butchers (n=30)	Meat retailers (n=30)	Total (N=60)
Discharge from eye, ear or nose	Continue	28 (93.30)	25 (83.30)	53 (88.33)
	Continue after recovery	02 (6.70)	03 (10.00)	05 (8.33)
	Should not continue	0 (0.00)	02 (6.70)	02 (3.33)
Inflammation of tonsil	Continue	30 (100.00)	30 (100.00)	60 (100.00)
	Continue after recovery	0 (0.00)	0 (0.00)	0 (0.00)
	Should not continue	0 (0.00)	0 (0.00)	0 (0.00)

Conjunctivitis	Continue	15 (50.00)	10 (33.3)	25 (41.66)
	Continue after recovery	13 (43.30)	16 (53.30)	29 (48.33)
	Should not continue	02 (6.70)	04 (13.30)	06 (10.00)
Eczema on hands, forearms or face	Continue	12 (40.00)	19 (63.30)	31 (51.66)
	Continue after recovery	01 (3.30)	0 (0.00)	01 (1.66)
	Should not continue	17 (56.70)	11 (36.70)	28 (46.66)
Diarrhoea	Continue	19 (63.30)	22 (73.30)	41 (68.33)
	Continue after recovery	09 (30.00)	06 (20.00)	15 (25.00)
	Should not continue	02 (6.70)	02 (6.70)	04 (6.66)
Diarrhoea and vomiting	Continue	05 (16.70)	0 (0.00)	05 (8.33)
	Continue after recovery	19 (63.30)	20 (66.70)	39 (65.00)
	Should not continue	06 (20.00)	10 (33.30)	16 (26.66)
Fever	Continue	21 (70.00)	24 (80.00)	45 (75.00)
	Continue after recovery	06 (20.00)	0 (0.00)	06 (10.00)
	Should not continue	03 (10.00)	06 (20.00)	09 (15.00)

Jaundice	Continue	0 (0.00)	0 (0.00)	0 (0.00)
	Continue after recovery	0 (0.00)	0 (0.00)	0 (0.00)
	Should not continue	30 (100.00)	30 (100.00)	60 (100.00)
Leprosy	Continue	0 (0.00)	0 (0.00)	0 (0.00)
	Continue after recovery	0 (0.00)	0 (0.00)	0 (0.00)
	Should not continue	30 (100.00)	30 (100.00)	60 (100.00)

(Os valores entre parêntesis indicam a percentagem)

4.3.5 Opinar sobre várias doenças encontradas em animais ou carcaças

Os animais a abater nem sempre estão isentos de doenças. A realização de inspecções ante-mortem e post-mortem confirma que a carne destinada ao consumo humano é segura e adequada. A carne parcialmente condenada está relacionada com as condições da carcaça que não são servidas. Estas condições são, na sua maioria, não infecciosas ou ligeiramente infecciosas. As condições não infecciosas incluem fracturas, contusões, feridas não supurativas, queimaduras localizadas, hematomas, etc. Os estados infecciosos incluem abcessos, feridas supurativas e quistos hidáticos que requerem um diagnóstico laboratorial. Esta carne pode ser destinada ao consumo humano depois de aparadas/retiradas as partes afectadas. A carcaça de um animal, juntamente com o seu sangue e miudezas, é considerada imprópria ou totalmente condenada quando afetada pelas seguintes doenças: carbúnculo bacteriano, peste negra, tétano, tuberculose, salmonelose, febre tifoide aviária, língua azul, raiva, sarcocistose, quisto hidático múltiplo, emaciação, tumores malignos ou múltiplos, etc. A análise do quadro 4.3.5 revela que 50%, 58,33%, 55%, 95%, 83.33% e 100% dos manipuladores de carne consideram que não devem abater os animais ou que devem condenar as carcaças inteiras quando se deparam com os alimentos correspondentes, como fracturas, feridas, febre, iterícia, tumores múltiplos e odor anormal da carcaça, respetivamente, ao passo que 53,33%, 45%, 5% e 10% dos manipuladores de carne consideram que devem condenar a parte afetada ou que não é necessária qualquer ação quando os animais ou as carcaças se deparam com os alimentos correspondentes, como emaciação, febre, fracturas e feridas, respetivamente. Os resultados indicam que existem lacunas entre a decisão dos manipuladores de carne e a decisão cientificamente correcta. A decisão final sobre a aptidão das carcaças e miudezas deve caber exclusivamente ao veterinário.

Table 4.3.5: **Distribuição dos inquiridos de acordo com a sua opinião sobre várias doenças encontradas em animais ou carcaças.**

Aliment	Opinion	Butchers (n=30)	Meat retailers (n=30)	Total (N=60)
Fracture	Do not slaughter	16 (53.30)	14 (46.70)	30 (50.00)
	Condemn the affected part	14 (46.7)	13 (43.3)	27 (45.00)
	Condemn the whole carcass	0 (0.00)	0 (0.00)	0 (0.00)
	No action required	0 (0.00)	03 (10.00)	03 (5.00)
wounds	Do not slaughter	12 (40.00)	07 (23.30)	19 (31.66)
	Condemn the affected part	14 (46.70)	21 (70.00)	35 (58.33)
	Condemn the whole carcass	0 (0.00)	0 (0.00)	0 (0.00)
	No action required	04 (13.30)	02 (6.70)	06 (10.00)
Emaciation	Do not slaughter	18 (60.00)	10 (33.30)	28 (46.66)
	Condemn the affected part	0 (0.00)	0 (0.00)	0 (0.00)
	Condemn the whole carcass	0 (0.00)	0 (0.00)	0 (0.00)
	No action required	12 (40.00)	20 (66.70)	32 (53.33)

Fever	Do not slaughter	16 (53.3)	17 (56.70)	33 (55.00)
	Condemn the affected part	0 (0.00)	0 (0.00)	0 (0.00)
	Condemn the whole carcass	0 (0.00)	0 (0.00)	0 (0.00)
	No action required	14 (46.70)	13 (43.30)	27 (45.00)
Jaundices	Do not slaughter	30 (100.00)	27 (90.00)	57 (95.00)
	Condemn the affected part	0 (0.00)	0 (0.00)	0 (0.00)
	Condemn the whole carcass	0 (0.00)	03 (10.00)	03 (5.00)
	No action required	0 (0.00)	0 (0.00)	0 (0.00)
Multiple tumors visible on carcass	Do not slaughter	0 (0.00)	0 (0.00)	0 (0.00)
	Condemn the affected part	02 (6.70)	08 (26.70)	10 (16.66)
	Condemn the whole carcass	28 (93.30)	22 (73.30)	50 (83.33)
	No action required	0 (0.00)	0 (0.00)	0 (0.00)
Abnormal odour from body	Do not slaughter	0 (0.00)	0 (0.00)	0 (0.00)
	Condemn the affected part	0 (0.00)	0 (0.00)	0 (0.00)
	Condemn the whole carcass	30 (100.00)	30 (100.00)	60 (100.00)
	No action required	0 (0.00)	0 (0.00)	0 (0.00)

(Os valores entre parêntesis indicam a percentagem)

4.3.6   Opinião sobre a condenação de vários órgãos doentes

Durante a preparação e o exame da carcaça e das miudezas, são encontradas várias lesões sugestivas de diferentes doenças.

Pode ser tomada a decisão de aparar a parte afetada ou condenar todo o órgão de acordo com as normas científicas. A análise do quadro 4.7.6 revela que 100%, 93%, 90%, 81,66%, 75,%, 73,33% e 66.66% dos manipuladores de carne são de opinião que devem condenar o órgão inteiro quando um órgão é afetado pelas seguintes doenças/desordens: (tumor no fígado, parasita no interior, tumor do nódulo linfático e pus no rim), (baço aumentado), (estado sético do pulmão e nódulos nos pulmões), (inchaço e edema do nódulo linfático), (líquido na cavidade pleural à volta do pulmão), (quisto no pulmão) e (quisto no fígado), respetivamente, enquanto 10%, 25%, 18.33% e 6,66% dos manipuladores de carne consideraram que não é necessária qualquer ação quando um órgão é afetado pelas seguintes doenças/desordens, tais como estado sético dos pulmões, líquido na cavidade pleural à volta dos pulmões, inchaço e edema dos gânglios linfáticos e aumento do baço, respetivamente.

Os resultados indicam que existem lapsos entre a decisão dos manipuladores de carne e a decisão cientificamente correcta. A decisão final sobre a aptidão das carcaças e miudezas deve caber exclusivamente ao veterinário.

Table 4.3.6:   Distribuição dos inquiridos de acordo com a sua opinião sobre a condenação de vários órgãos doentes

Aliment	Opinion	Butchers (n=30)	Meat retailers (n=30)	Total (N=60)
Cyst on liver	Trimming of affected parts	16 (53.30)	04 (13.30)	20 (33.33)
	Condemn whole organ	14 (46.70)	26 (86.70)	40 (66.66)
	No action required	0 (0.00)	0 (0.00)	0 (0.00)

Tumors on liver	Trimming of affected parts	0 (0.00)	0 (0.00)	0 (0.00)
	Condemn whole organ	30 (100.00)	30 (100.0)	60 (100.00)
	No action required	0 (0.00)	0 (0.00)	0 (0.00)
Parasite inside liver	Trimming of affected parts	0 (0.00)	0 (0.00)	0 (0.00)
	Condemn whole organ	30 (100.00)	30 (100.0)	60 (100.00)
	No action required	0 (0.00)	0 (0.00)	0 (0.00))
Septic or gangrenous condition of lung	Trimming of affected parts	0 (0.00)	0 (0.00)	0 (0.00)
	Condemn whole organ	30 (100.00)	24 (80.0)	54 (90.00)
	No action required	0 (0.00)	06 (20.00)	06 (10.00)
Nodules on lungs	Trimming of affected parts	06 (20.00)	0 (0.00)	06 (10.00)
	Condemn whole organ	24 (80.00)	30 (100.00)	54 (90.00)
	No action required	0 (0.00)	0 (0.00)	0 (0.00)

Cyst on lungs	Trimming of affected parts	10 (33.30)	06 (20.00)	16 (26.66)
	Condemn whole organ	20 (66.70)	24 (80.0)	44 (73.33)
	No action required	0 (0.00)	0 (0.00)	0 (0.00)
Fluid in plural cavity around lung	Trimming of affected parts	0 (0.00)	0 (0.00)	0 (0.00)
	Condemn whole organ	21 (70.00)	24 (80.00)	45 (75.00)
	No action required	09 (30.00)	06 (20.00)	15 (25.00)
Swelling and oedema of lymph node	Trimming of affected parts	0 (0.00)	0 (0.00)	0 (0.00)
	Condemn whole organ	26 (86.70)	23 (76.7)	49 (81.66)
	No action required	04 (13.30)	07 (23.3)	11 (18.33)
Tumor of lymph node	Trimming of affected parts	0 (0.00)	0 (0.00)	0 (0.00)
	Condemn whole organ	30 (100.00)	30 (100.0)	60 (100.00)
	No action required	0 (0.00)	0 (0.00)	0 (0.00)

Enlarged spleen	Trimming of affected parts	0 (0.00)	0 (0.00)	0 (0.00)
	Condemn whole organ	28 (93.30)	28 (93.3)	56 (93.33)
	No action required	02 (6.70)	02 (6.70)	04 (6.66)
Pus in kidney	Trimming of affected parts	0 (0.00)	0 (0.00)	0 (0.00)
	Condemn whole organ	30 (100.00)	30 (100.0)	60 (100.00)
	No action required	0 (0.00)	0 (0.00)	0 (0.00)

(Os valores entre parêntesis indicam a percentagem)

4.4 NECESSIDADES DE FORMAÇÃO SENTIDAS PELOS TALHANTES E RETALHISTAS DE CARNE

4.4.1 Necessidade sentida de formação

A leitura do quadro 4.4.1 indica que cerca de um por cento dos manipuladores de carne salientou a necessidade de formação básica ministrada por familiares ou colegas, ao passo que 78,33% dos manipuladores de carne também sentiram a necessidade de formação formal ministrada por instituições. Isto mostra que desejam adquirir competências em institutos, para além da formação de base ministrada pelos seus familiares e colegas. Consideram que é necessária nova informação para fazer face à forte concorrência. Os quadros 4.8.1 explicam melhor a área específica em que os manipuladores de carne sentem necessidade de formação. A maioria (72,34% e 91,48%) dos inquiridos preferia formação para um abate e corte de carcaças eficientes, enquanto 29,98% e 25,53% dos manipuladores de carne também estavam dispostos a receber formação sobre identificação de doenças associadas à carne e notificação de doenças animais, respetivamente, pois consideram que isso poderia ajudar a controlar a propagação de várias doenças zoonóticas. O quadro 4.4.1 revela igualmente que 64,00%, 76,00% e 80,00% dos retalhistas estavam mais dispostos a receber formação sobre a exposição de carcaças/carne, a embalagem adequada da carne e a preparação de diferentes produtos à base de carne.

Quadro 4.4.1: Distribuição dos inquiridos de acordo com a perceção da necessidade de formação*

Statement	Butchers (n=30)	Meat retailers (n=30)	Total (N=60)
Basic training is needed	30 (100.00)	30 (100.00)	60 (100.00)
Formal training by an institution is needed	22 (73.30)	25 (83.30)	47 (78.33)
Areas preferred for formal training	**Butchers (n=22)**	**Retailers (n=25)**	**Total (n=47)**
Efficient slaughtering	17 (77.30)	17 (68.00)	34 (72.34)
Cutting of carcass	18 (81.80)	25 (100.00)	43 (91.48)
Meat hygiene practices	05 (22.70)	16 (64.00)	21 (44.68)
Meat associated disease identification	08 (36.40)	06 (24.00)	14 (29.78)
Reporting of animal disease	07 (31.80)	05 (20.00)	12 (25.53)
Display of carcass/meat	0 (0.00)	16 (64.00)	16 (34.04)
Storage and refrigeration of leftover meat	0 (0.00)	08 (32.00)	08 (17.02)
Proper packaging of meat	0 (0.00)	19 (76.00)	19 (40.42)
Preparing different meat products	0 (0.00)	20 (80.00)	20 (42.55)

(Os valores entre parêntesis indicam a percentagem)

* Respostas múltiplas

4.4.2 DURAÇÃO DA FORMAÇÃO INSTITUCIONAL PREFERIDA

O quadro 4.4.2 indica claramente que a maioria (48,33%) dos inquiridos preferia uma formação de sete dias, enquanto 45,00% dos talhantes prefeririam uma formação de quinze dias. Verificou-se que a maioria dos retalhistas (53,30%) preferia uma formação de curta duração (7 dias) porque consideravam que a sua loja não devia fechar durante mais tempo (Fig.27).

Tabela 4.4.2: Distribuição dos inquiridos de acordo com a sua resposta à duração da formação

institucional preferida

Duration of training preferred	Butchers (n=30)	Meat retailers (n=30)	Total (N=60)
7 days	13 (43.30)	16 (53.30)	29 (48.33)
15 days	15 (50.00)	12 (40.00)	27 (45.00)
1 month	02 (6.70)	02 (6.70)	04 (6.66)

(Os valores entre parêntesis indicam a percentagem)

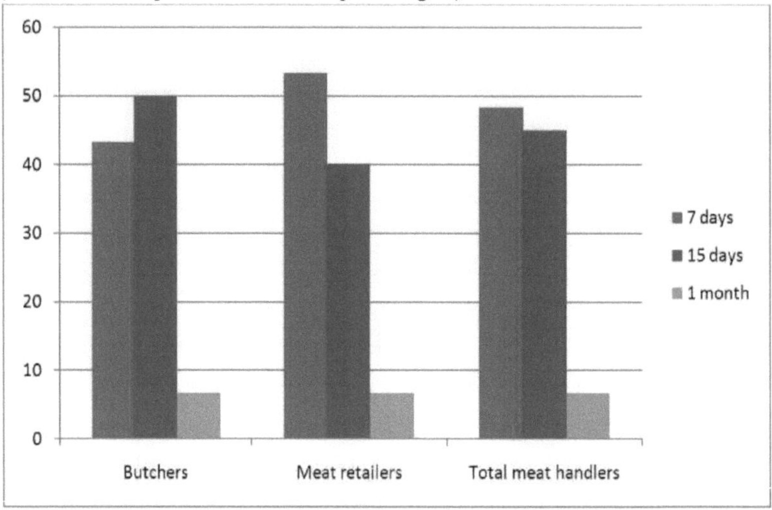

Fig.27: Distribuição dos inquiridos de acordo com a sua resposta à duração da formação institucional preferida

4.4.3 Local preferido para a formação

Uma análise do quadro 4.4.3 mostra que a maioria dos manipuladores de carne (50%) preferia receber formação no seu próprio local de trabalho, porque consideravam inviável interromper a sua atividade durante o período de formação. Uma proporção significativa (30%) também achava que a fábrica de carnes de uma instituição seria mais adequada para ministrar a formação, uma vez que seria fácil para o formador fornecer os inputs necessários em termos de material e instrumentos. Verificou-se também que 56,70% dos talhantes preferiam receber formação no seu próprio local de trabalho, porque sentiam que era difícil ir a uma instituição devido ao seu analfabetismo e estatuto social inferior (Fig.28).

Tabela 4.4.3: Distribuição dos inquiridos de acordo com o local preferido para a formação

Preferred Place for training	Butchers (n=30)	Meat retailers (n=30)	Total (N=60)
Own workshop	17 (56.70)	13 (43.30)	30 (50.00)
Private meat plant	05 (16.70)	07 (23.30)	12 (20.00)
Meat plant at an institution	08 (26.70)	10 (33.30)	18 (30.00)

(Os valores entre parêntesis indicam a percentagem)

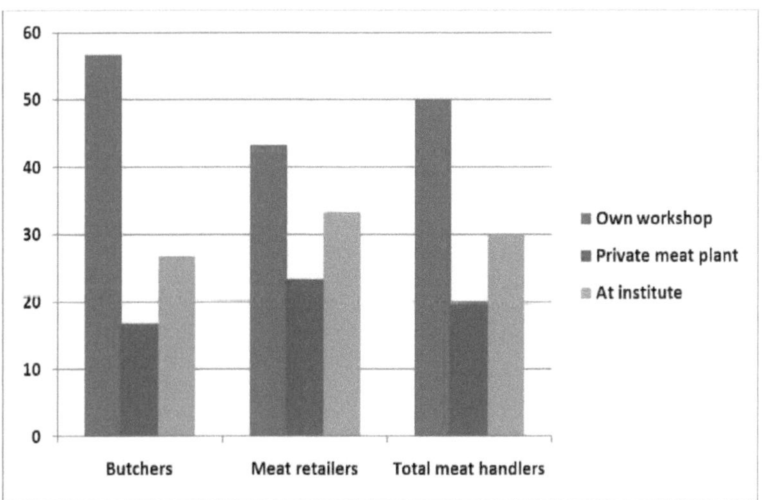

Fig.28: Distribuição dos inquiridos de acordo com o local preferido para a formação

4. **4.4 Distribuição das despesas de formação na opinião dos inquiridos**

Como se pode ver no quadro 4.4.4, a maioria dos manipuladores de carne (88,33%) considera que o governo deve suportar as despesas de formação, o que pode ser explicado pelo facto de não poderem pagar despesas de formação demasiado elevadas. Verificou-se que 10% dos talhantes e 13,30% dos retalhistas de carne consideravam que as despesas deviam ser partilhadas equitativamente entre o governo e os beneficiários (Fig.29).

Tabela 4.4.4: Distribuição dos inquiridos de acordo com a sua opinião sobre as despesas de formação

Expenses for training	Butchers (n=30)	Meat retailers (n=30)	Total (N=60)
Total by government	27 (90.00)	26 (86.70)	53 (88.33)
Total by beneficiary	0 (0.00)	0 (0.00)	0 (0.00)
Fifty percent by beneficiary and fifty percent by government	03 (10.00)	04 (13.30)	07 (11.66)

(Os valores entre parêntesis indicam a percentagem)

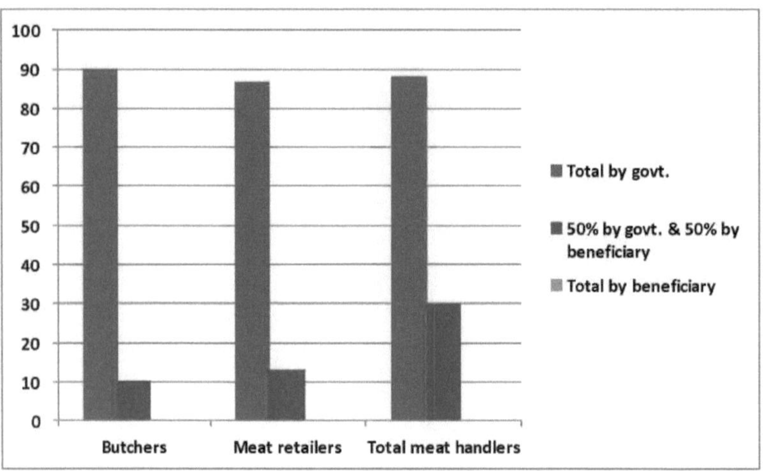

Fig.29: Distribuição dos inquiridos de acordo com a sua opinião sobre as despesas de formação

CAPÍTULO 5

DISCUSSÃO

Este capítulo destina-se a discutir os resultados obtidos no estudo. Tendo em conta os objectivos do estudo, os resultados foram discutidos exaustivamente, tendo em conta as conclusões de outros trabalhadores em estudos semelhantes. Os resultados são discutidos nas rubricas seguintes:

5.1 Perfil sócio-pessoal dos talhantes e retalhistas de carne

5.2 Sensibilização para a higiene da carne entre talhantes e retalhistas de carne

5.3 Sensibilização dos talhantes e retalhistas de carne para os perigos para a saúde associados à carne

5.4 Necessidades de formação sentidas pelos talhantes e retalhistas de carne

5.1 PERFIL SÓCIO-PESSOAL DOS TALHANTES E RETALHISTAS DE CARNE

No presente estudo, verificou-se que a maioria dos manipuladores de carne (63,33%) era do grupo de meia-idade e que apenas os homens estavam envolvidos nesta profissão. Achados semelhantes foram também observados por Ngore et al. (2011), Thakur et al. (2014), Junaidu et al. (2015) e Umar et al. (2015), que referiram que este negócio é sensível ao género (um negócio do domínio masculino) e que a maioria estava na idade ativa. A maioria dos talhantes e retalhistas pertencia a castas gerais e a outras castas atrasadas, respetivamente, enquanto a maioria dos talhantes e retalhistas (66,66%) era muçulmana. A maioria dos inquiridos (41,66%) era analfabeta, ao passo que 28,33% tinham um ensino médio e 30% tinham um ensino superior, o que indica claramente que os manipuladores de carne têm menos conhecimentos e consciência da higiene da carne e dos riscos para a saúde associados. Os resultados também estavam de acordo com os resultados de Umar et al. (2015) e Ngore et al. (2011). Centésimos por cento dos inquiridos tinham a venda de carne a retalho como ocupação principal, enquanto a maioria dos talhantes (83,33%) e dos retalhistas de carne (60,00%) tinham como ocupação secundária o trabalho de talho no matadouro, enquanto 20,00% não tinham ocupação secundária. Verificou-se que nenhum dos inquiridos tinha recebido formação formal em qualquer instituição. Uma proporção esmagadora (86,66%) dos inquiridos recebeu formação informal através de membros da família e 13,33% através de um colega. Resultados semelhantes foram observados por Ngore et al. (2011), que referiram que a maioria dos inquiridos tinha como ocupação principal a venda de carne a retalho/no talho e que 90% dos inquiridos não tinham recebido qualquer formação formal. A maioria dos inquiridos (78,33%) provinha de uma família com rendimentos médios e auferia rendimentos entre 10 000 e 15 000 rupias por mês com a profissão de manipulador de carne. Uma parte significativa dos inquiridos (56,66%) tinha 5 a 15 anos de experiência no seu trabalho, enquanto 56,66% dos inquiridos tinham uma carga de trabalho média (6 a 10 horas). Estas conclusões estão de acordo com as conclusões de Thakur et al. (2014), Junaidu et al. (2015) e Umar et al. (2015), que observaram que a maioria dos manipuladores de carne tem 11-20 anos de experiência.

5.2 SENSIBILIZAÇÃO DOS TALHANTES E RETALHISTAS DE CARNE PARA A HIGIENE DA CARNE

A importância da higiene pessoal foi sentida por 76,66% dos inquiridos e uma proporção esmagadora de manipuladores de carne (46,66%) concordou com a importância do seu trabalho/negócio para a saúde pública, enquanto 38,33% discordaram da sua importância e 15% dos manipuladores de carne não tinham conhecimento. A maioria dos inquiridos (56,66%) concordou que a lavagem das mãos é importante no que diz respeito à higiene pessoal. As conclusões estão de acordo com os resultados de Junaidu et al. (2015) e Sneed et al. (2004), que referem que a higiene pessoal desempenha um papel fundamental na garantia de produtos seguros para o consumidor, se os manipuladores de carne tomarem seriamente em consideração a limpeza das suas mãos, corpo e vestuário. A importância do ambiente e do seu impacto na higiene/qualidade da carne foi sentida por 38,33% dos inquiridos, ao passo que 21,66% dos inquiridos discordaram da sua importância e 40% não tinham conhecimento. Uma percentagem significativa de manipuladores de carne (40,00%) não tinha conhecimento do crescimento de microrganismos na carne se esta não for manuseada corretamente. Kebede et al (2014) relataram que a carne contém uma abundância de nutrientes necessários para o crescimento de bactérias em quantidade adequada. O manuseamento descuidado da carne nos locais de abate e nos talhos afecta a qualidade da carne, o que indica a presença de contaminação. A maioria dos inquiridos (43,33%) discordou que a inspeção da carne pelo veterinário melhoraria a qualidade da carne e evitaria vários riscos associados à carne e apenas 38,33% dos inquiridos concordaram com isso. Pelo contrário, Davies et al. (2013) e Hathaway (1993) referiram que a inspeção ante-mortem e post-mortem da carcaça permite a deteção de anomalias observáveis e também tem o potencial de detetar novas doenças que podem ser de importância direta para a saúde pública, garantindo assim uma carne de boa qualidade e a segurança dos consumidores. A opinião negativa sobre a inspeção da carne pode dever-se à baixa escolaridade dos manipuladores de carne. A maioria dos manipuladores de carne (40%) concordou que as mãos podem ser o maior risco de contaminação cruzada, enquanto 40% dos inquiridos expressaram que a produção de carne higiénica levaria demasiado tempo. A maioria dos retalhistas de carne (50%) referiu que não sabe quanto tempo será necessário para a produção de carne higiénica e que as práticas de manuseamento de carne com mão de obra intensiva podem ser a razão para tal. Metade dos inquiridos concordou que a situação atual não era adequada para aplicar práticas de higiene da carne. Os resultados também estão de acordo com os resultados de Oluwafemi et al. (2013), que relataram que o abate, a transformação e a comercialização actuais em muitos locais não estão em conformidade com as práticas padrão de qualidade e higiene. Pode atuar como fonte de contaminação e de problemas de saúde para os consumidores e requer muitas despesas e muito tempo para produzir carne higiénica.

Uma proporção significativa de retalhistas de carne (73,30%) concordou que deveriam manter áreas separadas para venda, a fim de produzir carne higiénica e de boa qualidade e também evitar a contaminação cruzada. Os resultados estavam de acordo com Bolton (1996) e Upadhyaya et al. (2012), que referiram que os níveis de contaminação podem ser reduzidos mantendo mais de dois tipos de carne numa loja, com uma separação adequada das áreas de carne nas lojas. A maioria (70%) também concordou que a conservação dos restos de carne num congelador ou num frigorífico reduz o crescimento de microrganismos e evita a deterioração da carne. Oluwafemi et al (2013) referiram que a manutenção de um protocolo de saneamento eficaz e o armazenamento adequado limitam a possível contaminação da carne através de equipamento sujo e de superfícies de contacto, e evitam a deterioração e a intoxicação alimentar entre os consumidores. Do mesmo modo, Junaidu et al. (2015) referiram que quase todos os inquiridos concordaram que o armazenamento inadequado da carne pode ser prejudicial para a saúde. Uma proporção esmagadora de manipuladores de carne (73,30%) concordou que a manutenção da higiene no abate, preparação e exposição da carcaça ajudaria a conquistar mais clientes. Os resultados estão de acordo com Ruban et al. (2012), que referem que a manutenção de uma higiene rigorosa durante o abate e a transformação é de primordial importância para produzir carne com boa qualidade microbiana e com melhor prazo de validade, garantindo assim a segurança dos consumidores, que preferirão a carne com boa qualidade microbiana, abatida e transformada de forma higiénica.

5.3 SENSIBILIZAÇÃO DOS TALHANTES E RETALHISTAS DE CARNE PARA OS PERIGOS PARA A SAÚDE ASSOCIADOS À CARNE

O contacto com uma pessoa infetada foi o modo mais conhecido de transmissão da doença (86,66%), enquanto a manipulação da carne como modo de transmissão era conhecida por 46,66% dos manipuladores de carne. Achados semelhantes foram relatados anteriormente por Sneed et al. (2004), que referiram que se os manipuladores de carne tomarem seriamente em consideração a limpeza das suas mãos, corpo e vestuário, isso ajudará a evitar a incidência de contaminação cruzada e, por conseguinte, a reduzir a transmissão de várias doenças zoonóticas. Apenas 31,66% dos manipuladores de carne consideraram o consumo de carne como fonte provável de transmissão de doenças. Da mesma forma, Labie (1979), Mbata (2001), Ukut et al. (2010) e Bradeeba et al. (2013) observaram que o consumo de carne contaminada e crua actua como fonte de várias doenças infecciosas e zoonóticas. A gripe aviária e a raiva eram conhecidas por 90% e 70% dos manipuladores de carne, respetivamente, enquanto a tuberculose, o tétano e o carbúnculo eram conhecidos por

61,66%, 43,33% e 20% dos manipuladores de carne, respetivamente. Nenhum dos manipuladores de carne tinha conhecimento da leptospirose e da campilobacteriose. As conclusões estavam de acordo com o resultado de Ghimire et al. (2013), que referiram que a maioria dos manipuladores de carne de porco no Nepal não tinha conhecimento de doenças zoonóticas como a campilobacteriose, uma vez que eram analfabetos ou tinham um baixo nível de educação. Do mesmo modo, Brown et al. 2011 estudaram a sensibilização para a leptospirose entre os talhantes e referiram que a maioria dos talhantes tinha conhecimento da leptospirose

Uma proporção significativa de manipuladores de carne (78,33%) sabia que a gripe aviária podia ser transmitida através da manipulação de aves infectadas, ao passo que a tuberculose (43,33%), o tétano (25%) e a fasciolose (25%) são outras doenças que os manipuladores de carne sabiam que podiam ser transmitidas através da manipulação de animais/carne. A iterícia e a lepra foram consideradas as doenças em que não se deve trabalhar, por um cêntimo dos retalhistas, ao passo que 88,33%, 60%, 41,66%, 51,66% e 68,33% dos manipuladores de carne consideraram que devem continuar o seu trabalho quando se deparam com perturbações ou doenças correspondentes, como corrimento ocular, auditivo ou nasal, amigdalite, conjuntivite, eczema e diarreia, respetivamente. A maioria dos manipuladores de carne - 50%, 58,33%, 55%, 95%, 83,33% e 100% - opinou que não devia abater os animais ou condenar as carcaças inteiras quando se deparava com doenças correspondentes, como fracturas, feridas, febre, iterícia, tumores múltiplos e odor anormal da carcaça, respetivamente, enquanto 53.33%, 45%, 5% e 10% dos manipuladores de carne opinaram que deviam condenar a parte afetada ou que não era necessário tomar qualquer medida quando os animais ou as carcaças apresentavam alimentos correspondentes, como emaciação, febre, fratura e feridas, respetivamente. Esta constatação indica que existem lapsos entre a decisão dos manipuladores de carne e a decisão cientificamente correcta. A maioria dos inquiridos 100%, 93%, 90%, 81,66%, 75,%, 73,33% e 66.66% dos manipuladores de carne consideram que devem condenar o órgão inteiro quando um órgão é afetado pelas seguintes doenças/desordens: (tumor no fígado, parasita no interior, tumor do nódulo linfático e pus no rim), (baço aumentado), (estado sético do pulmão e nódulos nos pulmões), (inchaço e edema do nódulo linfático), (líquido na cavidade pleural à volta do pulmão), (quisto no pulmão) e (quisto no fígado), respetivamente, enquanto 10%, 25%, 18.33% e 6,66% dos manipuladores de carne consideraram que não é necessária qualquer ação quando um órgão é afetado pelas seguintes doenças/desordens, tais como estado sético dos pulmões, líquido na cavidade pleural à volta dos pulmões, inchaço e edema dos gânglios linfáticos e aumento do baço, respetivamente. Estes resultados estavam de acordo com os de Sahay et al. (2010).

5.4 NECESSIDADE SENTIDA DE FORMAÇÃO DOS TALHANTES E RETALHISTAS DE CARNE
Centésimos por cento dos manipuladores de carne enfatizaram a formação básica fornecida por

membros da família ou colegas, enquanto 78,33% dos manipuladores de carne também sentiram a necessidade de formação formal fornecida por uma instituição. No geral, 72,34% e 91,48% dos inquiridos prefeririam formação para abate e corte de carcaças eficientes. Uma proporção significativa dos inquiridos (48,33%) preferia uma formação de sete dias. Metade dos manipuladores de carne preferiu a formação no seu próprio local de trabalho, a fim de evitar a interrupção da sua atividade durante o período de formação. Uma parte significativa (30%) também achava que uma fábrica de carnes numa instituição seria mais adequada, uma vez que seria fácil para os formadores fornecerem os inputs necessários em termos de material e instrumentos. Verificou-se também que 56,70% dos talhantes prefeririam receber formação no seu próprio local de trabalho, pois consideravam que não seria fácil deslocarem-se a uma instituição devido ao seu analfabetismo e estatuto social inferior. Uma proporção significativa de manipuladores de carne (88,33%) desejava que o governo providenciasse despesas de formação. De forma semelhante, Sahay et al. (2010) e Oluwafemi et al. (2013) referiram que a formação, os workshops orientados para a prática e os seminários entre os talhantes melhorariam as suas competências e práticas de manuseamento da carne. Junaidu et al. (2015) referiram que a formação sobre a importância da higiene no matadouro, ministrada pelo pessoal de saúde pública do matadouro, foi sentida por 97% dos inquiridos.

CAPÍTULO 6

RESUMO E CONCLUSÃO

A Índia é um potencial produtor de carne no mundo, com um efetivo pecuário de 512,05 milhões de animais, o que representa cerca de 10,71% do efetivo pecuário mundial. Este número inclui 190 milhões de bovinos, 108 milhões de búfalos, 135 milhões de caprinos, 65 milhões de ovinos, 10,29 milhões de suínos e 729 milhões de aves de capoeira. A Índia tem o maior efetivo pecuário (primeiro em búfalos, segundo em bovinos e caprinos, terceiro em ovinos e quinto em aves de capoeira, em comparação com o efetivo pecuário mundial), ocupando o primeiro lugar na produção de leite, o quinto na produção de carne, o terceiro na produção de peixe, o quinto na produção de ovos e o sexto na produção de frangos de carne no mundo (NDDB, 2012 e 19.º censo pecuário de 2012).A contribuição de búfalos, bovinos, ovinos, caprinos, suínos, aves de capoeira e outras espécies é de cerca de 23,33%, 17,34%, 4,61%, 9,3%, 5,31%, 36,68% e 3,37%, respetivamente, para a produção de carne na Índia (FAO, 2012). A venda de carne através de pequenas lojas de retalho é mais comum nas zonas rurais e nas cidades da Índia (Ranjhan e Rawat, 2011). A preferência dos consumidores por aves/animais recém-cortados e a falta de instalações de refrigeração são factores prováveis para a existência de lojas de carne a retalho na Índia. As lojas são geridas por vendedores de carne/açougueiros, que fazem parte integrante da atividade de venda de carne na Índia. De facto, os talhantes funcionam como nós do sistema de venda de carne, uma vez que todo o comércio de carne passa pelos talhantes até à venda (Kumar e Keshav, 2010). O rápido aumento do rendimento das famílias, a urbanização e a alteração do estilo de vida contribuíram para que o consumo se orientasse para cereais não tradicionais e produtos de valor acrescentado, incluindo muitos derivados do gado. O acesso a alimentos de boa qualidade, seguros e nutritivos é considerado um direito básico das pessoas, e as doenças resultantes do consumo de alimentos têm sido um problema básico para os consumidores. Ainda mais recentemente, apesar de um aumento contínuo da procura, a imagem dos produtos de origem animal tem sido manchada pelo risco de doenças transmitidas pela carne. Atualmente, o estilo de vida económico e as atitudes dos consumidores em relação à qualidade dos alimentos tendem a ser cada vez mais consistentes em todo o mundo. À medida que os rendimentos aumentam em relação ao custo de vida, os consumidores tendem geralmente a gastar mais em produtos proteicos de origem animal do que antes, pelo que a qualidade dos alimentos de origem animal, especialmente a carne e os produtos à base de carne, é atualmente uma questão fundamental para todos na sociedade (Aumatire 1999). A procura diz respeito a alimentos nutritivos, saborosos, seguros, saudáveis e acessíveis, quer frescos quer transformados. A qualidade dos produtos de origem animal pode ser classificada por especialistas de produção animal em aspectos nutricionais, tecnológicos, sensoriais, higiénicos e sanitários.

A carne é um produto perecível e, por conseguinte, desde a produção até ao consumo, tem de ser suficientemente boa. Muitos microrganismos patogénicos crescem na carne se não forem seguidos os procedimentos de higiene. A carne actua como um veículo de transmissão de doenças, principalmente bacterianas, protozoárias e helmínticas. Observa-se que, juntamente com a carne, a água utilizada para o processamento da carne também transmite algumas doenças (campilobacteriose, amebíase e ascaridíase) ao ser humano durante o manuseamento não higiénico da carne e dos seus produtos, particularmente no sector não organizado dos países em desenvolvimento como a Índia. . A nível mundial, as doenças de origem alimentar são um problema crescente de saúde pública devido ao aumento do comércio global de alimentos, às alterações na forma como os alimentos são produzidos e às alterações nas exigências dos consumidores. Estas mudanças de padrão colocam novos desafios à gestão da segurança alimentar. Cerca de 75% das novas doenças transmissíveis que afectaram os seres humanos nos últimos 10 anos foram causadas por agentes patogénicos provenientes de animais ou de produtos de origem animal. Muitas destas novas doenças humanas são designadas por doenças zoonóticas, que estão associadas à manipulação de animais domésticos e selvagens doentes, ao abate, à desmancha de carne, à venda a retalho e à transformação. Assim, tendo em conta a situação atual, era necessário estudar e compreender a importância e a sensibilização dos talhantes, retalhistas de carne e consumidores do distrito de Jammu para a higiene da carne e os riscos para a saúde que lhe estão associados. Assim, tendo em conta os factos acima referidos, foi realizado um estudo intitulado "Sensibilização dos talhantes, retalhistas de carne e consumidores do distrito de Jammu e Caxemira para a higiene da carne e os perigos para a saúde que lhe estão associados", com os **seguintes** objectivos

> Estudar o perfil sócio-pessoal dos talhantes e retalhistas de carne.
> Estudar o nível de sensibilização para a higiene da carne e os riscos para a saúde associados entre os talhantes e os retalhistas de carne.

Metodologia de investigação

> O presente estudo foi realizado no distrito de Jammu, no Estado de Jammu e Caxemira, com o objetivo de estudar as infra-estruturas dos matadouros e das lojas de venda de carne a retalho, bem como as práticas existentes de manuseamento da carne pelos talhantes e retalhistas. Foram seleccionados para o estudo três matadouros do distrito de Jammu, situados em Nagrota, Old Rehari e Gujjar Nagar. Foram seleccionados dez talhantes de cada matadouro. Após a preparação da lista completa de carne

Os mercados de carne que operam no distrito de Jammu foram seleccionados três mercados de carne e, de cada mercado de carne selecionado, foram escolhidas aleatoriamente dez lojas de venda de carne a retalho. De cada loja de venda de carne selecionada aleatoriamente, foi selecionada propositadamente uma pessoa que estivesse ativamente envolvida no abate de animais e na venda de carne na loja de venda de carne. Assim, foram seleccionados para o estudo um total de trinta talhantes, trinta retalhistas de carne e cento e vinte consumidores. Os dados foram recolhidos através de um programa de entrevistas e de observações. Os dados foram codificados, classificados, tabulados e analisados utilizando o software Statistical Package for the Social Science (SPSS 16.0). A apresentação dos dados foi feita de modo a dar uma resposta pertinente, válida e fiável aos objectivos específicos. Foram calculadas as frequências, a percentagem, a média e o desvio-padrão para uma interpretação significativa. As principais conclusões do estudo foram as seguintes:

> **CONCLUSÕES IMPORTANTES**

- A maioria dos inquiridos pertencia ao grupo de meia-idade. A maior parte deles era analfabeta. A maioria dos inquiridos pertencia a um grupo de meia-idade.
- A maioria tinha 5 a 10 anos de experiência e um volume de trabalho médio. Nenhum deles tinha recebido qualquer formação formal.
- Todos os inquiridos tinham como ocupação principal o comércio a retalho de carne e como ocupação secundária o trabalho de talho em matadouros.
- A maioria dos inquiridos pertencia a uma família de rendimentos médios e auferia rendimentos entre 10 000 e 15 000 rupias por mês com a profissão de manipulador de carne.
- A maioria dos inquiridos estava consciente da importância da sua atividade para a saúde pública. Um número limitado de inquiridos tinha conhecimentos sobre a contaminação cruzada e a presença de microrganismos na carne. A maioria dos inquiridos era contra a inspeção da carne.
- O contacto com pessoas infectadas e o manuseamento inadequado da carne foram considerados como um risco importante de transmissão de doenças pela maioria dos manipuladores de carne.
- Verificou-se uma fraca sensibilização para as diferentes doenças zoonóticas (exceto a gripe aviária), que podem ser transmitidas através da manipulação da carne.
- Os manipuladores de carne só evitavam o trabalho de manipulação de carne quando sofriam de doenças graves. Frequentemente, enganavam-se no julgamento das condições/doenças em que os animais não deviam ser abatidos.
- Os manipuladores de carne estavam dispostos a receber formação para um manuseamento higiénico da carne. Uma formação de curta duração no seu próprio local de trabalho e financiada pelo governo seria mais bem aceite.

- **Sugestões:**

- É necessário organizar uma formação de curta duração, financiada pelo governo, para talhantes e retalhistas de carne nas proximidades das suas oficinas, a fim de transmitir conhecimentos sobre a higiene da carne e os riscos sanitários associados.

- Os manipuladores de carne devem receber informações apropriadas sobre a qualidade da carne e conhecimentos adequados sobre a higiene da carne para evitar o manuseamento incorreto da carne ao nível dos consumidores.

- A vigilância e o controlo eficazes das doenças zoonóticas são necessários para proteger os manipuladores de carne e os consumidores da propagação dessas doenças.

- As autoridades devem acompanhar de perto e regulamentar as instalações de abate e transporte adequadas.

- Os veterinários ou inspectores de carne devem inspecionar as carcaças e, assim, garantir a segurança dos consumidores.

REFERÊNCIAS

Adetunji, V. O., e Awosanya, A. E. 2011. Avaliação das cargas microbianas nas instalações de processamento de gado no matadouro de demonstração na metrópole de Ibadan, Nigéria. Research Opinions in Animal and Veterinary Sciences, 1(7): 406-409.

Ahmad, M. U., Sarwar, A , Najeeb, M. I., e Nawaz, M. 2013. Avaliação da carga microbiana de carne crua em abbatior e pontos de venda a retalho. O Jornal de Ciências Animais e Vegetais, 2 3(3): 745-748.

Ali, N. H., Farooqui, A., Khan, A. e Khan, A. Y. 2010. Contaminação microbiana da carne crua e do seu ambiente em lojas de retalho de carne em Karachi, Paquistão. Journal of Infection in Developing Countries, 4(6) : 382-387

Ali, S., Bohra, G. K., Kothari, D., Kumar, D., e Vyas, T. 2014. Soroprevalência de brucelose no oeste do Rajastão. Jornal de Ciências Médicas e Investigação Clínica, 2(1): 332-338.

Al-Mutairi, M. F. 2011. A incidência de enterobacteriaceae que causam intoxicação alimentar em alguns produtos de carne. Jornal Avançado de Ciência e Tecnologia Alimentar, 3(2): 116-121.

Anbalagan, M., Prabu, G., Krishnaveni, R. E., e Manivannan, S. 2013. Efeito da baixa temperatura sobre a carga bacteriana na carne de frango, carneiro e bovino em relação à deterioração da carne. Revista Internacional de Investigação em Microbiologia Pura e Aplicada, 4(1): 1-6.

Annan-Prah, A., Menasha, A. A., Akorli, S. A. e Asare, T. P. 2012. Matadouros, abate de animais e higiene do abate no

Gana. Journal of Veterinary Advances, 2(4): 189-198

Awosile, B., Oseni, O., e Omoshaba, E. 2013. Exposições a riscos de trabalhadores de ocupações relacionadas com animais em Abeokuta Southwestern, Nigéria. Journal of Veterinary Advances, 3(1): 9-19.

Badhe, S. R., Fairoze, M. N., e Sudarshan, S. 2013. Prevalência de agentes patogénicos de origem alimentar em amostras de carne no mercado de Bangalore. Indian Journal of Animal Research, 4 7(3): 262-264.

Bhandare, S. G., Paturkar, A. M., Waskar, V. S., e Zende, R. J. 2009. Bacteriological screening of environmental sources of contamination (Rastreio bacteriológico de fontes ambientais de contaminação). Asian Journal of Food Science, 2(3): 280-290.

Bhandare, S., Paturkar, A. M., Waskar, V. S., e Zende, R. J. 2010. Prevalence of microorganisms of hygienic interest in an organized abattoir in Mumbai (Prevalência de microrganismos de interesse higiénico num matadouro organizado em Bombaim). Journal of Infection in Developing Countrie, 4(7): 454-458.

Bhattacharya, S.S. e Dash, U.A. 2007. Aumento súbito da ocorrência de infeção por Salmonella paratyphi an em Rourkela, Orissa. Indian Journal of Medical Microbiology 2 5 : 78-79.

Bogere, P., e Baluka, S. A. 2014. Qualidade microbiológica da carne ao nível do matadouro e do talho na cidade de Kampala, Uganda. Internet Journal of Food Safety, 1 6: 29-35.

Bolton, F.J., Crozier, L., e Williamson. I. K. 1996. Isolamento de E. coli 0157 de produtos à base de carne crua. Letters in Applied Microbiology, 2 3: 317-321.

Bradeeba, K., e Sivakumaar, P. K. 2013. Avaliação da qualidade microbiológica da carne de vaca, carneiro e porco e seu impacto na saúde dos consumidores. Revista Internacional de Ciências Vegetais, Animais e Ambientais, 3(1): 91-97.

Brown, P. D., Pinnock, M., e Growder, D. M. 2011. Environmental risk factors associated with leptospirosis among butchers and their associates in Jamaica (Factores de risco ambientais associados à leptospirose entre talhantes e seus associados na Jamaica). Internet Journal of Food Safety, 2(1): 47-57.

Cetin, o., Kahraman, T., e Buyukunal, S. K. 2006. Avaliação microbiológica das superfícies de contacto com os alimentos em fábricas de transformação de carne vermelha em Istambul, Turquia. Jornal Italiano de Ciência Animal, 5: 277-283.

Coggon, D., Pannett, B., Pippard, E. C. e Winter, P. D. 1989. Lung cancer in the meat industry (Cancro do pulmão na indústria da carne). British Journal of Industrial Medicine , 4 6 : 188-191.

Davies, R., Cook, P., Bolton, D., e Butaye, P. 2013. Parecer científico sobre os perigos para a saúde pública a serem cobertos pela inspeção da carne de ovinos e caprinos. Jornal da Autoridade Europeia para a Segurança dos Alimentos, 11(6): 181-186.

Dreyfus, A., Benschop, J., Wilson, P., Baker, M. G., e Heuer, C. 2014. Sero-Prevalência e factores de risco para a leptospirose em trabalhadores de matadouros na Nova Zelândia. Revista Internacional de Investigação Ambiental e Saúde Pública, 11: 1756-1775.

Ezeh, A. O., Ellis, W. A., Addo, P. B., e Adesiyun, A. A. 1989. The prevalance of leptospirosis in abattior in Nigeria. Nigeria Isreal Journal of Veterinary Mediciene, 44(1): 69-73.

FAO (2004). Projeto de código de práticas higiénicas para a carne. Alinorm

FAO (2012). Dados STAT da FAO. Organização das Nações Unidas para a Alimentação e a Agricultura, Roma.

Fearon, J., Mensah, S. B. e Boateng, V. 2014. Operações de matadouro, geração e gestão de resíduos na metrópole de Tamale. Jornal de Saúde Pública e Epidemiologia, 6(1): 14-19.

Frederick, A., Ayum, T. G., e Samuel, A. 2010. Microbial quality of chevon and mutton sold in Tamale Metropolis of Northern Ghana. Jornal de Ciências Aplicadas e Gestão Ambiental, 14 (4): 53 - 55.

Frimpong, S., Gebresenbet, G., Bosona, T., Bobobee, E., e Hamdu, I. 2012. Fornecimento de animais e actividades logísticas da cadeia de matadouros nos países em desenvolvimento: O caso do matadouro de Kumasi, no Gana. Journal of Service Science and Management, 5: 20-27.

Gebremichael, D., e Mohammed, T. 2013. Factores de risco e significado para a saúde pública da cisticercose em bovinos e humanos no distrito de Shire Indasilassie, Norte da Etiópia. Avanços na Investigação Biológica, 7(6): 282-287.

Ghimire, L., Dhakal, S., Mahato, B. R., e Singh, D. K. 2013. Avaliação do conhecimento dos manipuladores de carne de porco e do estado higiénico das lojas de carne de porco do distrito de Chitwan com foco em factores de risco de campilobacteriose. Jornal Internacional de Doenças Infecciosas e Microbiologia, 2(1): 17-21.

Gregory, N. G. 2010. Bem-estar dos animais nos mercados e durante o transporte e o abate. Meat Science, 80: 2-11.

Gulmez, M., Oral, N., e Vatansever, L. 2006 . O efeito do extrato aquoso de sumagre (Rhus coriaria L.) e do ácido lático na descontaminação e no prazo de validade de asas de frango cruas. Poultry Science, 85: 1466-1471.

Haileselassie, M., Taddele, H., Adhana, K., e Kalayou, S. 2013. Conhecimento e práticas de segurança alimentar de matadouros e talhos e o perfil microbiano da carne na cidade de Mekelle, Etiópia. Asian Pacific Journal of

Tropical Biomedicine, 3(5): 407-412

Hassanin, F. S., Salem, A. M., Shorbagy, E. M., e Kholy, R. L. 2014. Técnicas tradicionais e recentes para a deteção de escherichia coli em cortes e miudezas de frango fresco. Benha Veterinary Medical Journal, 2 6(2): 21-29.

Hathaway, S. C. 1993. Risk analysis and meat hygiene. Revue scientifque et technique office International Des Epizooties, 12 (4): 1265-1290.

Hebib, A. A., Nario, G. D. e Roilnid, D. 2003. Prevalência do serotipo da febre de Malta em Tiaret, Wesat Argélia. Assiut Veterinary Medical Journal , 4 9 (96): 130-139.

Joshi, D. D., Mahendra, M., Johansen, M. V., Willingham, A. L. e Sharma, M. 2003. Improving meat inspection and control in resource-poor communities:the Nepal example (Melhorar a inspeção e o controlo da carne em comunidades com poucos recursos: o exemplo do Nepal). Ata Tropica, 8 7: 119127.

Joshi, D. D., Poudyal, P. M., Jimba, M., Mishra, P. N., Neave, L., e Maharjan, M. 2001. Epidemiological status of taenia/cysticercosis in pigs and human in Nepal. Journal of the *Institute of Medicine, 23*: 10 -12.

Junaidu M, M. Y., Bhagavandas, M., Yusha, e Umar, U. 2015. Estudo do conhecimento, atitude e práticas em relação à higiene entre os trabalhadores do matadouro no estado metropolitano de Kano, Nigéria. *Revista Internacional de Ciência e Investigação, 4*(1): 2474-2478.

Kanarat, S., Jitnupong, W., e Sukhapesna, J. 2011. Prevalência de Listeria monocytogenes na cadeia de produção de frangos na Tailândia. *Thailand Journal of Veterinary Medicene, 41*(2): 155-161.

Kaushik, P., Anjay, K. S., Bharti, S. K., e Dayal, S. 2014. Isolamento e prevalência de Salmonella a partir de carne de frango e gado. *Veterinary World, 7*(2): 62-65.

Kebede, T., Afera, B., Taddele, H., e Bsrat, A. 2014. Avaliação da qualidade bacteriológica da carne vendida nos talhos de Adigrat, Tigray, Etiópia. *Applied Journal of Hygiene, 3* (3): 3844.

Khan, J. A., Rathore, R., Khan, S., e Ahmad, I. 2013. Prevalência, caraterização e deteção de salmonella spp. de várias fontes de carne. *Avanços em Ciências Animais e Veterinárias, 1*(1): 4 -8.

Khan, J. A., Rathore, R., Khan, S., e Ahmad, I. 2013. Prevalência, caraterização e deteção de salmonella spp. de várias fontes de carne. *Avanços em Ciências Animais e Veterinárias, 1*(1): 4 -8.

Komba, E. G. V., Komba, E. V., MkupsaeI, E. M., Mbuzi, A., e Mshamu, S. 2012. Práticas sanitárias e ocorrência de zoonoses em bovinos no abate no município de Morogoro, Tanzânia: implicações para a saúde pública. Jornal de Investigação em Saúde da Tanzânia, 14: 1-11.

Kumar, K., e Kaul, P. N. 2000. Operational environment in a slaughter house: a macro level case study. Indian Journal Animal Research, 34(1): 1-10.

Labie, C. 1979. Doenças parasitárias transmitidas por talhos de carne. Annales Pharmaceutiques Francaises, 37(1): 1-10.

Lawan, M. K., Bello, M., Kwaga, J., e Raji, M. A. 2013. Avaliação das instalações físicas e operações de processamento dos principais matadouros nos estados do noroeste da Nigéria. Sokoto Journal of Veterinary Sciences, 11(1): 56-61.

Little, C., Gillespie, I., de Louvois, J., e Mitchell, R. 1999. Microbiological investigation of halal butchery products and butchers premises. Communicable Disease and Public Health, 2(2): 114118.

Lyer, A., Kumosani, T., Yaghmoor, S., Barbour, E., Azhar, E.e Harakeh, S. 2013. Escherichia coli e Salmonella spp. em carne em Jeddah, Arábia Saudita. Jornal da Infeção nos Países em Desenvolvimento, 7(11): 812-818

Magdaa, A. M., Suliman, S. E., Shuaib, Y. A., e Abdalla, A. M. 2012. Avaliação da contaminação bacteriana de carcaças de ovelhas em matadouros no estado de Cartum. Jornal de Ciência e Tecnologia, 13(2): 68-72.

Maguire, H., Codd, A. A., Mackay, V. R., e Mitchell, E. 1993. A large outbreak of human salmonellosis traced in local pig farm. Epidemiology Infection Journal, 11(2): 239-246.

Mahdi, N. K., e Ali, N. H. 2002. Cryptosporidiosis among animal handlers and their livestock in Basrah,Iraq. Jornal Médico da África Oriental, 79(10): 550-553

Mancinelli, S., Palombi, L., Riccardi, F., e Marazii, M. C. 1987. Marketing and processing of small ruminants in highland Balochistan Pakistan. Small Ruminant Research, 10(2): 93-102.

Mathew, B., Nanu, E., e Sunil, B. 2014. Avaliação da qualidade bacteriana da carne bovina de mercado. Revista Internacional de Ciencias Básicas e da Vida, 2(3): 1 7.

Mbata, T. I. 2001. Agentes patogénicos da carne de aves de capoeira e seu controlo. Jornal Internacional de Segurança Alimentar, 7: 20-28.

Merilahti, P. R., Lahesmaa, R., Granfors, K., Gripenbrge-lerche, C., e Toivanen, P. 1991. Risk of yersinia infection among butchers. Scandinavian Journal Infectious Diseases, 23(1): 56-61.

Modak, A., Kumar, V., e Rao, K. B. 2014. Avaliação da qualidade microbiana da carne de frango de corte e avaliação do perfil de suscetibilidade a antibióticos de isolados de pontos de venda a retalho de Vellore, Tamilnadu. Jornal de Investigação de Ciências Farmacêuticas, Biológicas e Químicas, 5(5): 1195-1198

Mohammed, O., Shimelis, D., Admasu, P., e Feyera, T. 2014. Prevalência e padrão de suscetibilidade antimicrobiana de isolados de E. Coli de amostras de carne crua obtidas de matadouros na cidade de Dire Dawa, Etiópia Oriental. Revista Internacional de Pesquisa Microbiológica, 5 (1): 35-39.

Mukhtar, F. 2010. Brucelose num grupo profissional de alto risco: seroprevalência e análise dos factores de risco. Jornal da Associação Médica do Paquistão, 60: 103

NDDB. 2012. Censos de gado, Departamento de Criação de Animais, Lacticínios e Pescas, Ministério da Agricultura, GI

Ngore, P. M., Mshenga, P. M., Owuor, G., e Mutai, B. K. 2011. Factores socioeconómicos que influenciam a adição de valor à carne pelas agroindústrias rurais no Quénia. Current Research Journal of Social Sciences, 3(6): 453-464.

Nnachi, A. U., e Ukaegbu, C. O. 2014. Qualidade microbiana da carne crua vendida em Onitsha, estado de Anambra, Nigéria. Jornal Internacional de Ciência e Investigação, 3(20): 33-45

Nwachukwu, E., e Nnaman, O. H. 2012. Avaliação da carne de peru congelada para bactérias e microorganismos indicadores. Revista Internacional de Microbiologia Atual e Ciência Aplicada, 3(4): 6774

Nwanta, J., Onunkwo, J., Ezenduka, V., Phil-Eze, P. e Egege, S. 2008. Abattoir operations and waste management in Nigeria: A review of challenges and prospects. Sokoto Journal of Veterinary Sciences, 7(2): 61-67.

Nzouankeu, A., Ngandjio, A., Ejenguele, G., Njine, T., e Wouafo, M. N. 2010. Contaminações múltiplas de frangos com campylobacter, escherichia coli e salmonela em Yaounde . Journal of Infection in Developing Countries, 4(9): 583-686.

Oluwafemi, A. R., Edugbo, M. O., Solanke, O. E., e Akinyeye A. J. 2013. Qualidade da carne, segurança nutricional e saúde pública: Uma revisão das práticas de processamento de carne de bovino na Nigéria. Jornal Africano de Ciência e Tecnologia Alimentar, 4(5): 96-99

Otupiri, E., Adam, M., Laing, E., e Akanmori, B. D. 2000. Human behavioural factors implicated in outbreaks of human anthrax in Tamale municipility of Northen Ghana. Ata tropica, 76(1): 4952.

Rahman, M., e Kabir, L. S. M. 2012. Desenvolvimento de uma força de sensibilização e de actividades que liguem a segurança e a qualidade dos alimentos de origem animal no Bangladesh. Revista Científica de Revisão, 1(3): 84-104.

Ranjhan, S. K. 2012. Aspeto de segurança e qualidade da carne de búfalo e dos produtos à base de carne. The Journal of

Animal and Plant Sciences, 22(3): 365-370.

Ruban, W., Prabhu, N., e Kumar, N. 2012. Prevalência de agentes patogénicos de origem alimentar em amostras de mercado de carne de frango em Bangalore. International Food Research Journal, 19(4): 1763-1765.

Sahay, A., Tiwari, R., Roy, R., e Sharma, M. C. 2010. Study on meat associated health hazards among butchers and meat retailers (Estudo sobre os riscos para a saúde associados à carne entre talhantes e retalhistas de carne). Jornal de Saúde Pública Veterinária, 8(1): 33-36.

Samad, M. A., Dey, B. C., Choudhary, N. S., Akthar, S., e Khan, A. 1997. Estudos seroepidemiológicos sobre a infeção por toxoplasma gondii no homem e nos animais no Bangladesh. Souhteast Asian Journal Tropical Medicine Public health, 28(2): 339-343.

Simeão, M. 2006. Sanitary and phytosanitary measures and food safety; challenges and opportunities for developing countries. Revue scientifque et technique office International Des Epizooties, 25(2): 701- 702

Singh, V. K., Jain, U., Yadav, J. K., e Bist, B. 2014. Assessment of bacterial quality of raw meat samples (carabeef, chevon, pork and poultry) from retail meat outlets and local slaughter houses of Agra region. Journal of Foodborne and Zoonotic Diseases, 2(1): 15-18.

Sneed, J., Strohbehn, C., Gilmore, S. A., e Mendonça, A. 2004. Avaliação microbiológica de superfícies de contacto de serviços alimentares em instalações de vida assistida do Iowa. Journal of American Dietitians Associations, 104 : 1722- 1724

Tarik, A. A., Awad, A. E., e Ahmed, A. M. 2013. Exposição de trabalhadores de matadouros à infeção pelo vírus da febre do vale do rift no sudoeste da Arábia Saudita. Jornal Aberto de Medicina Preventiva, 3(1): 28-31.

Thakur, D., Mane, B. G., Chander, M., Sharma, A., e Katoch, S. 2014. Perfil socioeconómico comparativo e práticas de venda de carne de carneiro e frango. Journal of Meat Science and Technology, 2(1): 10-15.

Thakur, D., Ravikumar, R. K., Kumar, P., Gupta, A., Sharma, A., e Bodh, V. K. 2012. Inspeção da carne e práticas de bem-estar animal: Evidências da região noroeste dos Himalaias. Veterinary World, 5: 718-722

Tuneer, K., e Madhavi, T. 2015. Um estudo comparativo do estado higiénico dos talhantes e identificação de bactérias entre os abates dos mercados de carne, frango e peixe da cidade de Jagdalpur, Chhattisgarh. Revista Internacional de Investigação em Ciências Biológicas, 4(1): 16-24.

Umar, M. S., Suleiman, A., Aminu, A., e Sadiq, S. M. 2015. Análise da cadeia de valor de couros e peles na área de Daura do estado de Katsina, Nigéria. Jornal de Economia Agrícola, Extensão e Desenvolvimento Rural, 3(3): 263-270.

Upadhyaya, M., Poosaran, N., e Fries, R. 2012. Prevalência e preditores de salmonella spp. em lojas de carne a retalho em Katmandu. Journal of Agricultural Science and Technology, 2 : 1094-1106.

APÊNDICE-1

Universidade de Ciências e Tecnologia Agrícolas de Sher-e-Kashmir, Jammu

Division of Veterinary & Animal Husbandry Extension Education (Divisão de Educação em Extensão Veterinária e Zootécnica)

FACULDADE DE CIÊNCIAS DA PESCA E CIÊNCIAS DA SAÚDE (SKUAST-J)

R.S.PURA-JAMMU-181102

<u>CALENDÁRIO DE ENTREVISTAS</u>

Título do problema de investigação:

HIGIENE DA CARNE E SENSIBILIZAÇÃO PARA OS RISCOS PARA A SAÚDE ASSOCIADOS TALHOS E RETALHISTAS DE CARNE NO DISTRITO DE JAMMU E CAXEMIRA

Nome do inquirido :   ---------------------------

Área   :   ---------------------------

Distrito   :   ---------------------------

PARTE-1

Perfil sócio-pessoal e sócio-económico dos talhantes e retalhistas de carne

1.   Idade   ---

2.   Género

(i)   Masculino   (1)

(ii)   Feminino   (2)

3.   Casta

(i)   Geral   (1)
(ii)   OBC   (2)
(iii) SC   (3)
(iv)   ST   (4)

4. Religião
(i)	Muçulmano	(3)
(ii)	Hindu	(2)
(iii)	Sikh e cristão	(1)

5. Educação
(i)	Analfabeto	(0)
(ii)	Só pode ler	(1)
(iii)	Primário	(2)
(iv)	Médio	(3)
(v)	Alto e 10 +2	(4)
(vi)	Licenciado e superior	(5)

6. Profissão principal
(i)	Trabalhar como talhante em matadouros	(1)
(ii)	Comércio retalhista de carne	(2)
(iii)	Ambos	(3)

7. Ocupação subsidiária
(i)	Trabalhar como talhante em matadouros	(4)
(ii)	Comércio retalhista de carne	(3)
(iiii)	Comercialização de animais de carne	(2)
(iv)	Cozinhar	(1)
(v)	Sem ocupação subsidiária	(0)

8. Rendimento mensal bruto do agregado familiar

9. Rendimento mensal bruto do comércio açougueiro e/ou retalhista de carne

10. Experiência em talho e/ou comércio a retalho de carne (em anos completos)
(i)	< 5 anos	(1)
(ii)	5-15 anos	(2)
(iii)	> 15 anos	(3)

11. Carga de trabalho (em horas/dia)
(i)	Baixo (< 6 horas)	(1)
(ii)	Médio (6-10 horas)	(2)
(iii)	Elevado (> 10 horas)	(3)

12. Licença
(i)	Com carta de condução válida	(1)
(ii)	Sem carta de condução válida	(0)

13. Formação para o manuseamento e corte de carne
(i)	Formado na instituição	(3)
(ii)	Formado através de um membro da família	(2)
(iii)	Formado por um colega	(1)

PARTE-n

Sensibilização para a higiene da carne e para os riscos para a saúde associados à carne entre os talhantes e os retalhistas de carne

A. Sensibilização para a higiene da carne:

1. Entre os talhantes e retalhistas de carne

S .No	Statement	Agree (2)	Disagree (1)	Do not know (0)
a)	Personal hygiene is important			
b)	This business or work has public health significance			
c)	Hand washing before slaughter is important			
d)	Cross contamination can happen from one carcass to another			
e)	Environment has impact on meat hygiene/quality			
f)	Meat can carry micro-organism			
g)	Meat permits survival/multiplication of pathogens and/or toxin formation			
h)	Inspection of meat by veterinarians/meat inspector is important			
i)	Care should be taken to minimize the risk of producing unsafe and unhygienic meat			
j)	Corrective measure should be taken when anything unusual with the meat is noticed			
k)	Hands are great risk for cross contamination			
l)	Hygienic meat production will take too much time			
m)	It is difficult to apply meat hygiene practice in present situation			

2. **Apenas retalhistas** (parecer do retalhista sobre a exposição, armazenagem e venda de carne)

	Statement	Agree	Disagree	Do not know
		(2)	(1)	(0)
a)	Having separate areas for sale and meat processing is important.			
b)	Leftover meat should be stored properly in ice boxes or refrigerator.			
c)	Sale of hygienic meat will enable the business to win more consumers.			
d)	Maintance of meat hygiene has little impact on daily running of business.			
e)	Status of meat hygiene at your shop can be better than now.			

B. Sensibilização dos talhantes e retalhistas de carne para os riscos para a saúde associados à carne.

1. Sabes o que são doenças transmissíveis?

a. Sim (1)

b. Não (0)

2. As doenças transmissíveis podem propagar-se de várias formas?

a. Verdadeiro (1)

b. Falso (0)

3. Quais são os diferentes modos de transmissão de doenças?

a. Contacto com uma pessoa infetada (1)

b. Água potável (1)

c. Alimentos (1)

d. Manuseamento de carnes (1)

e. Consumo de carne (1)

f. Inalação (1)

4. O manuseamento incorreto da carne e o consumo de carne crua actuam como fonte de certas doenças

a.Verdadeiro (1)

b.Falso (0)

5. Tem conhecimento de alguma doença animal de importância zoonótica?

a. Sim   (1)

b. Não   (0)

6. De entre as seguintes doenças, quais as que conhece?

a. Gripe das aves   (1)

b. Raiva   (1)

c. Brucelose   (1)
d. Tuberculose   (1)

e. Carbúnculo   (1)

f. Tétano   (1)

g. Salmonelose   (1)

h. Taeníase/cisticercose   (1)

i. Fascioliose   (1)

J. Compilobacteriose   (1)

k. Leptospirose   (1)

7. Sabe que a transferência de certas doenças ocorre através da manipulação
de animais/carne?

a. Sim   (1)

b. Não   (0)

8. Quantas das seguintes doenças são transmitidas ao homem através da
manipulação de animais/carne que conhece?

a. Gripe das aves   (1)

b. Raiva   (1)

c. Brucelose   (1)
d. Tuberculose   (1)

e. Carbúnculo   (1)

f. Tétano   (1)

g. Salmonelose   (1)

h. Taeníase/cisticercose   (1)

i. Fascioliose   (1)

J. Compilobacteriose   (1)

k. Leptospirose   (1)

9. Parecer sobre a continuação das operações de produção de carne após o aparecimento de certas perturbações/doenças.

S. no	Disorder/Diseases	Continue (1)	Continue after recovery (2)	Should not continue (3)
a)	Discharge from eye, ear or nose			
b)	Inflammation of tonsil			
c)	Conjunctivitis			
d)	Eczema on hands, forearms or face			
e)	Diarrhoea			
f)	Diarrhoea and vomiting			
g)	Fever			
h)	Jaundice			
i)	Leprosy			

10. Parecer sobre diversas doenças encontradas em animais ou carcaças.

S. No	Ailments	Opinion			
	Aliments	Do not slaughter (3)	Condemn the whole carcass (2)	Condemn the affected part (1)	No action required (0)
a)	Fracture				
b)	wounds				
c)	Emaciation				
d)	Fever				
e)	Jaundices				
f)	Multiple tumors visible on carcass				
g)	Abnormal odour from body				

11. Parecer sobre a condenação de vários órgãos doentes

S. No	Diseased organs	Opinion		
		Condemn whole organ (2)	Trimming of affected parts (1)	No action required (0)
1.	Cyst on liver			
2.	Tumors on liver			
3.	Parasite inside liver			
4.	Septic or gangrenous condition of lung			
5.	Nodules on lungs			
6..	Cyst on lungs			
7.	Fluid in plural cavity around lung			
8..	Swelling and oedema of lymph node			
9.	Tumor of lymph node			
10.	Enlarged spleen			
11.	Pus in kidney			

PARTE -III

Necessidades de formação sentidas pelos talhantes e retalhistas de carne

1. Tipo de formação necessária

(i)   É necessária uma formação de base   (1)

(ii)   É necessária uma formação formal numa instituição   (2)

2. Área preferencial para a formação formal.

(i)   Abate eficiente   (1)
(ii)   Corte da carcaça   (1)
(iii)   Práticas de higiene da carne   (1)

(iv) Identificação de doenças associadas à carne   (1)

(v)   Notificação de doenças animais   (1)

(vi)   Apresentação de carcaças/carne   (1)

(vii)   Armazenamento e refrigeração de restos de carne   (1)

(viii)   Acondicionamento correto da carne   (1)

(Ix) Preparação de diferentes produtos à base de carne   (1)

3. Duração da formação institucional preferida

(i)   7 dias   (1)
(ii)   15 dias   (2)
(iii) um mês   (3)

4. Local preferido para a formação

(i)   Oficina própria   (1)

(ii)   Fábrica de carnes privada   (2)

(iii) Fábrica de carnes de uma instituição   (3)

5. Parecer sobre as despesas de formação

(i)   Total das administrações públicas   (1)

(ii)   Total por beneficiário   (2)

(iii) 50% pelo beneficiário e   (3)

       50% pelo governo

I want morebooks!

Buy your books fast and straightforward online - at one of world's fastest growing online book stores! Environmentally sound due to Print-on-Demand technologies.

Buy your books online at
www.morebooks.shop

Compre os seus livros mais rápido e diretamente na internet, em uma das livrarias on-line com o maior crescimento no mundo! Produção que protege o meio ambiente através das tecnologias de impressão sob demanda.

Compre os seus livros on-line em
www.morebooks.shop

info@omniscriptum.com
www.omniscriptum.com

Printed by Books on Demand GmbH, Norderstedt / Germany